应用型人才培养精品教材

U0192292

Web 前端开发必知必会

张怡芳　编著

电子工业出版社
Publishing House of Electronics Industry
北京·BEIJING

内 容 简 介

本书带领读者学习基础的 Web 前端开发知识，包括 HTML5 的网页文件结构、HTML 标签及其应用、CSS 样式、页面布局、响应式设计、JavaScript 基础交互与特效，以及网站建设基础与简单的 API 等。本书通过通俗易懂的网页设计案例，循序渐进地引导读者学习网页基础理论知识。本书分为 18 课，每课均有若干个"拓展知识"，用于解决网页制作过程中遇到的实际问题；通过"每课小练"，使读者学以致用，加强理解，巩固所学知识；通过"常见问题 Q&A"，解决网页实践中可能遇到的问题；通过"理论习题"，考查读者知识掌握情况，帮助读者思考，达到巩固与提升的目的。

本书是网页设计开发的入门书籍，可以作为高等院校计算机专业相关课程的教科书，也可以作为相关从业人员的参考书。

图书在版编目（CIP）数据

Web 前端开发必知必会 / 张怡芳编著 . —北京：电子工业出版社，2024.3

ISBN 978-7-121-47544-3

Ⅰ . ① W… Ⅱ . ①张… Ⅲ . ①网页制作工具－高等学校－教材 Ⅳ . ① TP393.092.2

中国国家版本馆 CIP 数据核字（2024）第 060508 号

责任编辑：康　静
印　　刷：三河市良远印务有限公司
装　　订：三河市良远印务有限公司
出版发行：电子工业出版社
　　　　　北京市海淀区万寿路 173 信箱　　邮编：100036
开　　本：787×1092　1/16　　印张：17　　字数：436 千字
版　　次：2024 年 3 月第 1 版
印　　次：2024 年 3 月第 1 次印刷
定　　价：53.00 元

凡所购买电子工业出版社图书有缺损问题，请向购买书店调换。若书店售缺，请与本社发行部联系，联系及邮购电话：（010）88254888，88258888。

质量投诉请发邮件至 zlts@phei.com.cn，盗版侵权举报请发邮件至 dbqq@phei.com.cn。

本书咨询联系方式：（010）88254178，liujie@phei.com.cn。

前言

在信息社会，Web 技术的应用无处不在。传统的互联网网站及各种社交媒体大多数是跨平台的，通过台式计算机、笔记本电脑、平板电脑、手机等网络设施访问。了解并掌握 Web 应用技术不再仅限于专业开发技术人员，大多数普通用户也需要掌握一定的 Web 应用技术，这就像几乎每个人都需要掌握一些计算机知识一样。

在信息资讯发达的时代，人们的学习方式有了很大变化。随着网速的快速提升，人们的学习途径已经从纯书本转移到了各种网站，通过搜索引擎或各个学习论坛可以找到所需资源，学习途径多样，资源丰富。因此，读者不一定需要一本知识全面的教材，而是需要一本能引导他们入门，帮助他们轻松地找到学习资源的书籍。

与大部分专业书籍不同，本书是一本相对精简、篇幅较短的专业基础类书籍，旨在让读者快速了解 Web 前端基础知识。本书把 Web 前端开发涉及的技术拆分为若干个小主题，引导读者循序渐进地学习网页设计与制作的入门知识。本书还融入了思政元素，希望读者特别是年轻的读者能励志有为、勤学苦练、自信自强、守正创新，为建设社会主义现代化强国贡献自己的聪明才智。

本书将带领读者学习基础的 Web 前端开发知识。

读者在完成本书知识点的学习与网页制作实践练习后，可以掌握基本的 Web 前端开发知识，也可以设计制作较为精美的、实用的中小型企业网站，还可以在网站中实现响应式设计，以及 JavaScript 与 jQuery 基本特效。本书配备完整的网页源码，同时提供关键知识点与案例的学习或操作视频，以便读者自学。

本书的重点知识如下。

- HTML5 文件结构。
- HTML 标签。
- CSS/CSS3。
- JavaScript 交互与特效。
- 固定宽度布局。
- 流动布局与响应式设计。
- 网站开发基本规则。
- 简单的 API。

本书的适用人员如下。

- 对网页设计开发感兴趣的新手。
- 希望了解 Web 前端应用技术的学生。
- 希望快速掌握 Web 前端开发基本方法的人员。
- 希望在无专人帮助的情况下有效且快速地制作实用网页的人员。

本书配套学习资料的说明如下。

- 扫描书中的二维码，即可观看对应网页制作过程的操作演示视频。
- 本书提供每一课对应的课件。
- 本书提供内容所涉及的全部网页源代码。

请有需要的教师和学生登录华信教育资源网（https://www.hxedu.com.cn/）下载本书的配套学习资料。

另外，读者在阅读本书中的代码时，需要了解以下几点。

- 网页 HTML 代码注释方式为 <!-- 注释文本 -->。
- CSS 样式代码与 JavaScript 代码有两种注释方式："/* 可换行注释文本 */"和"// 单行注释文本"，二者没有特别规定，不会影响程序运行。
- 为节约篇幅，在不影响阅读的情况下，部分语句不单独成行，部分代码不按标准缩进。

编著者编写本书历时两年多，同时授课和整理修改，以尽量满足学生或初学者的学习习惯与需求，但难免存在考虑不周之处，敬请各位读者包涵与批评指正。另外，需要英文资料的读者可以直接联系编著者以获取电子资料，邮箱地址：anne_zh@163.com。

2023 年 7 月

目录

第 1 课　Web 前端简介

【学习要点】

- 什么是 Web 前端。
- 网站的分类。
- HTML 文件的结构、基本组成。
- 网页三要素：结构、表现、行为。
- 集成开发环境的安装与使用。

【学习预期成果】

　　读者通过本课的学习，能了解什么是 Web 前端，了解 HTML 在 Web 前端开发中的作用和地位，掌握基本的 HTML 文件的结构；能下载并使用基本的集成开发环境 HBuilderX 建立站点、新建网页文件，并制作带图像的网页。

　　Web 前端开发技术的应用非常广泛，用户在浏览器中看到的页面内容均遵循 HTML 的基本框架。学习基本的 Web 前端开发技术，有助于用户更好地使用浏览器，并获取自己想要的信息。下面开始我们的学习之旅。

Web 前端开发必知必会

扫一扫

HTML 网页概述

1.1 Web 前端与 HTML

1.1.1 什么是 Web 前端

自从 1989 年基于 TCP/IP 协议的 NSFnet 改名为 Internet，Internet 开始在全球普及，人们已经离不开其所提供的各种信息与服务，如电子邮件（E-mail）、FTP 文件传输、万维网（World Wide Web，WWW）。万维网也被称为 Web，是 Internet 中发展最快、普及最广的应用之一，也是 Internet 上支持 WWW 服务器和 HTTP 的服务集合，还是 Internet 核心的部分。WWW 服务分为 Web 客户端和 Web 服务器。Web 客户端通常被称为前端。

> 【拓展知识】
> 知识 1：HTML 的发明者。
> HTML 是由 Web 的发明者英国计算机科学家 Tim Berners-Lee 和同事 Daniel W. Connolly 于 1990 年创立的，是一种以一定格式传输信息的方法，即 HTTP。
> 知识 2：万维网联盟。
> 英国计算机科学家 Tim Berners-Lee 于 1994 年成立了万维网联盟（World Wide Web Consortium，W3C），并担任主席。
> W3C 已发布了 200 多项影响深远的 Web 技术标准及实施指南，包括 HTML、XML、WCAG 等，促进了 Web 技术的互相兼容，对互联网技术的发展和应用起到了基础性和根本性的支撑作用。

1.1.2 Web 是如何工作的

网站（Website）是在 Internet 上根据一定的规则组织的一系列相关网页的集合，通过浏览器（Browser）提供信息。用户访问网站，实际上就是通过浏览器打开网站中的一个网页。用户在自己的计算机（客户机）中输入 URL 地址，通过网络请求对应服务器；服务器响应该请求，并将信息（以文字、图片等方式）返回客户机；用户就可以通过浏览器浏览网页中的内容，如图 1-1 所示。

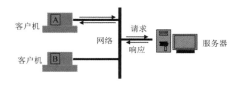

◎ 图 1-1 Web 的工作方式

一个网站通常由多个网页组成，这些网页可以是静态网页，也可以是动态网页。

· 2 ·

静态网页是指没有后台数据库、不含开发程序、不会随时更新内容的网页。动态网页可以根据后台数据库内容的不同，及时更新前台显示的内容，而不需要重新编写代码。静态网页文件的扩展名为 .html 或 .htm。动态网页相对复杂一些，需要通过后台执行程序后生成网页，文件的扩展名一般为 .aspx、.jsp、.php 等。

动态网页与静态网页的不同是后者简单、可以直接将 HTML 网页中的内容展示出来，不涉及后台服务器；前者需要向后台服务器发送请求，通过服务器执行程序，将执行结果展示在浏览器上。这种动态的 Web 工作方式就是浏览器 / 服务器（Browser/Server，B/S）模式，简称 B/S 系统。

1.1.3　网站与 HTML 网页

网站可以由个人、公司、教育机构或其他组织创建和维护。网站通常包含一个主页，以及若干个其他内容的功能网页，这些网页之间能够链接打开。当用户用浏览器打开网站时，实际上打开的是网站中的一个页面。

HTML（HyperText Mark Language），即超文本标记语言，是一种特殊的结构框架，目的是访问遍布 Internet 上的链接文件。使用 HTML，并将需要表达的信息按某种规则写成 HTML 文件，用户就可以通过专用的浏览器来识别该文件。当用户通过浏览器访问 Web 客户端时，所看到的内容就是 HTML 网页，即 HTML 文件。HTML 网页能独立于各种操作系统平台，如 UNIX、Windows 等。HTML 网页需要遵循 Web 应用开发的三大标准：结构标准、表现标准、行为标准，并通过 Web 浏览器展示给用户。

一个网站中有多个网页，并且网页与网页之间通过超链接相互连接。简单地说，这些网页构成了现在所说的 Web。用户通过浏览器中的 URL 获得信息，即访问网站。

1.1.4　网站类型

一般网站根据不同的分类方式，可以分为以下几种类型。

1. 按功能分类

（1）搜索引擎（Search Engine）网站。

搜索引擎网站的作用是为用户提供海量的信息。例如，百度、谷歌、维基百科等。

（2）综合性网站（Integrated Website）。

综合性网站是一种传统的网站，提供综合性的服务，包括新闻资讯、邮箱服务等。例如，网易、搜狐等。

（3）论坛类网站。

论坛类网站专门为某种类型的用户（如编程爱好者、汽车发烧友、游戏玩家等）提供互动平台。例如，CSDN 博客、汽车之家等。

（4）政府 / 学校（Government/School）网站。

政府 / 学校网站是政府机关、学校提供给市民或学生的官方网站，用户可以在该网站上办事、缴费等。例如，中国铁路 12306 网站、杭州市小客车总量调控管理信息系统网站、浙江大学网站等。

（5）企业（Enterprise）网站。

企业网站一般为中小型网站，主要作用是宣传公司形象、展示公司产品，提升企业知名度。

（6）电子商务（E-commerce）/ 旅游综合服务网站。

电子商务 / 旅游综合服务网站提供各种购物或预订服务，通常包含支付功能。例如，淘宝网、携程旅行网、中国铁路 12306 网站、航空公司购票网站等。

2．按布局结构分类

（1）固定宽度布局网站。

在中国，许多企事业单位的网站采用固定宽度的页面布局。例如，中国铁路 12306 网站（见图 1-2）。

◎ 图 1-2　中国铁路 12306 网站

（2）响应式网站。

随着技术的发展，许多普通网站采用了国际上流行的响应式设计（Responsive Web Design，RWD）。响应式设计是一种通过 CSS 样式来适应不同终端的网页设计技术。例如，当用户使同一个 URL 地址访问某学校网站时，手机版与计算机版的页面效果不同，如图 1-3 所示。

（a）手机版（小屏幕）效果　　　　　　　　（b）计算机版（大屏幕）效果

◎ 图 1-3　响应式网站

（3）H5 网页小应用。

其他前端开发包含 H5 网页小应用等。例如，目前流行的网页小游戏、基于浏览器的计步器等。

3．按开发技术分类

（1）静态（Static）网站。

在静态网站中，网页不需要发送请求到后台服务器，网页文件的扩展名通常是 .html，如 index.html。

（2）动态（Dynamic）网站。

在动态网站中，网页将请求发送到后台服务器，服务器执行完程序后，将结果传递给浏览器。网页文件的扩展名不是 .html，而是 .asp、.jsp、.php 等，如 home.php。

需要注意的是，无论哪种类型的网站，用户在浏览器中看到的网页结果都是 HTML 文件，即全部网页元素标签均包含在 <html> 与 </html> 标签之间。

【拓展知识】

知识 1：查看网页源码的方法。

在已经联网的计算机中打开任何一个网站（如百度），在网页中右击，在弹出的快捷菜单中选择"查看网页源代码"选项，即可打开一个以 <html> 标签开始，以 </html> 标签结尾的 HTML 文件。

<!DOCTYPE html> <!--STATUS OK-->

<html>

……

</html>

知识 2：通过浏览器获取网站资源的方法。

通过浏览器可以搜索并获取各类网页中的文本和图像资源。

（1）获取文本：在网页中右击，在弹出的快捷菜单中选择"另存为…"选项，把网页保存为文本文件，或者选中文本，复制即可（有下载保护的文本除外）。

（2）获取图像：在网页的图像上方右击，在弹出的快捷菜单中选择"将图像另存为"选项即可。一些图像使用该方法无法直接下载，需要通过 JavaScript 或 CSS 样式代码中的路径来获取，这种方法相对复杂，详见 2.5 节中的【拓展知识】。

1.2　HTML 文件结构

网页是按照 HTML 规范设计和制作而成的，是网页浏览器的标准文件。简单地说，HTML 是一个标准，目前最新的 HTML5 是在 2014 年发布的版本。一个标准的 HTML5 网页文件结构如下。

```
<!DOCTYPE html>
<html>
```

```
<head>
    <meta charset="utf-8">
    <title> 网页标题 </title>
    <!--head 区域的内容，主要用于存放网页的一些基本信息 -->
</head>
<body>
    <!--body 区域的内容，用于存放网页内容的显示部分 -->
    <p> 这是个段落，属于网页内容 </p>
</body>
</html>
```

这是一个完整的网页文件代码。其中，第一行代码 <!DOCTYPE html> 声明了当前为 HTML5 版本的网页，<html> 与 </html> 标签包含了网页的全部内容，即 HTML 文件的全部内容，在此范围外的内容不是网页内容。

一个完整的 HTML 文件必须包含以下 3 部分。

- 一个由 <html> 标签定义的文件版本信息。
- 一个由 <head> 标签定义各项声明的文件头部。
- 一个由 <body> 标签定义的文件主体部分。

<head> 作为各种声明信息的包含元素，位于文件的顶端，并且先于 <body> 标签出现。<body> 标签用于显示文件主体内容。文字是网页中最基本的信息载体，通过不同的排版方式、设计风格呈现在网页上，提供丰富的信息。文字的控制与布局在网页设计中占了很大比例，因此掌握好文字的使用，对网页制作来说是最基本的。本章讲解基本标签的使用，这些基本标签是制作一个完整的网页必不可少的元素。

HTML5 实际上是 HTML 的第 5 个版本，而现在大家广泛提及的 H5 技术，是 HTML5、CSS3、JavaScript、响应式设计等当前 Web 前端开发技术的结合。

需要注意的是，"<!-- 注释文本 -->"属于注释部分，其中的内容不影响网页结果。

> 【拓展知识】
>
> 知识 1：HTML 网页标签。
>
> HTML 网页标签是区分网页文件的基本标记，使用"< >"把网页结构或网页元素括在里面。例如，<p> 这是个段落文本 </p>。
>
> 知识 2：HTML 网页代码中的注释。
>
> 在程序语言中，通常使用注释来补充说明代码，注释本身不参与运行，也不影响运行结果，在 IDE 中通常以灰色字体出现。在 HTML 代码中，使用以下符号来注释 HTML 语句：<!-- 注释文本 -->。

1.3 网页三要素：结构、表现、行为

网页有三要素，分别是结构、表现、行为。

（1）结构（Structure）。

结构就是 HTML 的文件结构。所有网页都必须具备的基本结构元素，如 <html>、<head>、<title> 标签。

（2）表现（Presentation）。

表现就是网页元素的各种样式，如背景颜色、字体大小等。如果想要实现更好的效果与用户体验，必须有一定的 CSS 样式与布局，这通常需要另外定义 CSS 样式代码。

（3）行为（Behavior）。

行为就是网页的动态特效，能够与用户进行交互，通常使用 JavaScript 或 jQuery 实现。

以下网页代码体现了结构、表现、行为三要素。

```
<!--body 为结构标签 -->
<body bgcolor="#CCCCCC">  <!--bgcolor 用于设置网页背景颜色，是表现 -->
  <!--onclick="light_on()" 是行为 -->
  <input type="button" name="switch1" id="switch1" value=" 关灯 " onclick="light_on()">
</body>
```

<body> 为结构标签，而 bgcolor 是 <body> 标签的一个属性，用于设置网页背景颜色，是网页的表现。在上述代码中，<input> 是表单对象标签，通过 type="button" 属性表示其为一个表单按钮，而 onclick="light_on()" 则是行为，表示当单击鼠标（onclick）时执行 light_on() 的动作。

我们可以将网页三要素包含在一个网页中，也可以将一个标准的前端网页的结构、表现、行为三者分离到不同的文件中，分别对应 HTML 文件、CSS 文件、JavaScript 文件（以下简称 JS 文件）。这也是许多 Web 前端开发相关书籍的名称中都包含"HTML+CSS+JavaScript"的原因。

【拓展知识】

知识 1：网页背景颜色。

设置网页背景颜色可以使用 bgcolor 属性（这是传统方法），也可以使用 CSS 样式，方法如下。

<body style="background-color: #CCCCCC">。

知识 2：引用外部 CSS 文件、JS 文件。

CSS 样式文件的扩展名为 .css，JS 文件的扩展名为 .js，如果需要使用不同文件实现结构、表现、行为三者的分离，则需要在 HTML 文件的网页代码中引用其他两种文件。例如：

```
<head>
  <link rel="stylesheet" href="css/style.css" />
  <script src="js/main.js"></script>
</head>
```

1.4 网页编码工具

1.4.1 使用记事本编写网页代码

由于 HTML 通过文本结合标签规则来标识网页元素及其属性，因此普通网页完全可以使用普通文本编辑器来编写。简单的做法：先在记事本中输入文本，即 HTML 网页代码，再将该文本文件保存为 HTML 文件（将扩展名 .txt 改为 .html），即可直接在浏览器中打开和运行该文件。如图 1-4 所示。

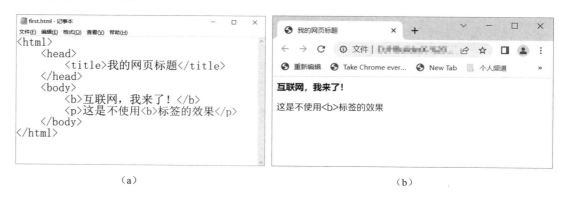

　　　　　（a）　　　　　　　　　　　　　　　　　　　（b）

◎ 图 1-4　使用记事本编写网页代码

很显然，使用记事本编写网页代码的效率很低，因此一般情况下记事本只用于查看网页源代码。想要编写完整、复杂的代码，需要使用开发工具，即 IDE，如在 HBuilderX 中建立网页文件，并添加对应代码。

1.4.2 浏览器的开发者工具

网页是在浏览器中展现的，常用的浏览器包括 Chrome、Firefox、Edge、Opera、Safari（苹果计算机中的浏览器）等。一般计算机中至少预装一种浏览器。

通过浏览器，用户不仅能看到网页内容，还能查看网页的源代码，甚至能进行简单的开发调试。

（1）查看源代码。

在网页中右击，在弹出的快捷菜单中选择"查看网页源代码"选项，如图 1-5、图 1-6 所示。

（2）查看元素样式代码并进行调试。

在网页中右击，在弹出的快捷菜单（见图 1-5）中选择"检查"选项，或者在网页中按"F12"键（大多数浏览器都支持），打开浏览器的开发者工具，如图 1-7 所示。

◎ 图 1-5　在网页中右击

```
1  <!doctype html>
2  <html dir="ltr" lang="en">
3    <head>
4      <meta charset="utf-8">
5      <title>New Tab</title>
6      <style>
7        body {
8          background: #FFFFFF;
9          margin: 0;
10       }
11
12       #backgroundImage {
13         border: none;
14         height: 100%;
15         pointer-events: none;
16         position: fixed;
17         top: 0;
18         visibility: hidden;
19         width: 100%;
20       }
21
22       [show-background-image] #backgroundImage {
23         visibility: visible;
24       }
25     </style>
26   </head>
27   <body>
28     <iframe id="backgroundImage" src=""></iframe>
29     <ntp-app></ntp-app>
30     <script type="module" src="new_tab_page.js"></script>
31     <link rel="stylesheet" href="chrome://resources/css/text_defaults_md.css">
32     <link rel="stylesheet" href="shared_vars.css">
33   </body>
34 </html>
35
```

◎ 图 1-6　查看源代码

◎ 图 1-7　浏览器的开发者工具

　　浏览器的开发者工具只能起辅助作用，真正编写代码需要使用专门的软件开发工具。网页前端开发工具分为两种，一种为入门工具，如 HBuilderX 等，另一种为前端框架工具，如 Vue、React 等。下面只具体介绍比较适合初学者的 HBuilderX，读者可以自行上网了解其他相关工具。

1.4.3　IDE 简介

　　IDE（Integrated Development Environment）就是集成开发环境。目前最常用的 IDE 包括以下几种。

1. HBuilderX

　　这里推荐初学者使用 HBuilderX，该软件是一款免费、好用的国产前端开发工具，功能也日趋强大。对初学者来说，能够熟练使用一个 IDE 就可以完全满足需求，其他 IDE 的使用方法触类旁通。

2. Dreamweaver

　　Dreamweaver 是老牌的 IDE，曾经与 Photoshop、Firework 一起被称为"网页三剑客"，目前依然是 Adobe 家族的一个成员，是 Adobe 最新版本 Create Cloud 中的 Web 设计软件。

3. Visual Studio Code

　　Visual Studio Code 是微软公司的产品，是一个运行在 Mac OS X、Windows 和 Linux 上的跨平台源代码编辑器，专门用于编写现代 Web 和云应用。Visual Studio Code 具有强大的功能，因此许多开发者使用该软件来开发成熟的 Web 软件系统。

　　其他 IDE 有 sublime text3、WebStorm、Atom 等，均各有所长，此处不再赘述。

1.4.4　HBuilderX 环境

　　建议读者从官网下载 IDE 软件，并使用该软件尝试编写一个网页。

1. 下载软件

使用浏览器访问官网，单击对应的版本来下载软件，根据提示按步骤解压缩（免安装）软件。截至 2023 年 7 月，最新的 Windows 版本的 HBuilderX 是"HBuilderX.3.8.7"。

2. 使用软件

（1）打开 IDE，创建项目（站点文件夹）。

（2）在项目中创建一个新的网页文件。

（3）运行网页并查看网页结果，如图 1-8 所示。

HBuilderX 的下载

HBuiderX 建立站点与基本操作

◎ 图 1-8　运行网页并查看网页结果

（4）修改文件 / 文件夹名称。

（5）查看项目所在路径。

（6）关闭项目 / 删除项目。

需要注意的是，在运行网页时，要选择已经安装的浏览器。关闭项目实际上是关闭项目的显示网页。删除项目可以仅删除 IDE 中的项目（仍然保留计算机中的文件夹），也可以删除该项目所对应计算机中的文件夹。因此，读者需要谨慎，避免因误删文件而造成不必要的损失。

【拓展知识】

知识：站点文件夹的作用。

通常，通过树形结构的方式将网站中所有相关的文件进行集中管理。网站一般包括 HTML 文件、图像图标（JPG、PNG、GIF、ICO）文件、JS 文件、CSS 文件等。一个项目对应一个文件夹，即站点文件夹。为了更好地管理文件，建议读者为每个主题建立一个文件夹，即一个项目，并将所有与网页相关的文件放在此文件夹下（见图1-9），通常做法如下。

◎ 图 1-9　站点文件夹

（1）在数据盘中新建一个文件夹，如 Topic1。

（2）在 Topic1 文件夹（项目站点）中新建 images、css、js 等文件夹，用于存放对应的图像文件、CSS 文件、JS 文件等。

（3）将所需图像复制到 images 文件夹中。

新建的 HTML 文件会与图像文件夹位于同一目录下。

1.5　每课小练

1.5.1　练一练：制作带图像的简单网页

【练习目的】

- 熟悉 HBuilderX 的操作环境。
- 掌握利用 IDE 建立站点的方法。
- 熟悉 HTML5 的基本文件结构。
- 熟悉简单标签的使用方法。
- 了解标签中的属性。
- 掌握网页代码注释的使用方法。

【思政天地】工欲善其事，必先利其器

良好的开端是成功的一半，而想要快速入门，学习工具是不可缺少的。对网页开发来说，一个合适的软件环境也是不可缺少的。正所谓"工欲善其事，必先利其器"。

【练习要求】

在 IDE（HBuilderX）中新建 HTML 网页文件，可以使用任何一张图像并设置该图像的大小，具体做法如下。

首先，在 HTML 代码 <head> 标签的 <title> 标签中添加"水晶球"，作为网页标题；然后，在 <body> 标签中输入以下代码：

```
<p> 网络就像一个有神奇魔力的水晶球，从中我们可以找到无穷无尽的乐趣。</p>
<p><img src="img/crystal3.jpg" width="150" height="150" alt="crystal" ></p>
<!-- 在双引号中填写图像所在的路径及文件名 -->
```

按"Ctrl+S"组合键或选择"文件"→"保存"选项，运行代码以查看网页结果，如图 1-10 所示。

（a）代码

（b）网页的显示结果

◎ 图 1-10　带图像的网页及其代码

【拓展知识】

知识 1：图像在段落中的默认效果。

图像与文本在不同的段落（<p></p>）中是相互分离的，属于不同的块（段落为块级元素。关于块级元素的介绍，详见后续内容）。利用 CSS 样式可以实现图像的文字环绕效果。例如，对图像添加代码 <img src=" 路径 + 文件名 " style="float:right;">，其中 style="float:right;" 的作用是让该图像靠右浮动。

知识 2：网页宽度。

网页的默认宽度为 100%，即浏览器窗口的 100%，当缩放浏览器窗口时，文字会根据窗口大小调整位置。

1.5.2　试一试：制作航天新闻网页

【练习目的】

- 初步了解实用网页的制作方法。
- 了解图像与文本在网页中的位置与作用。
- 了解获取网站资源的方法。
- 初步了解网页。

【思政天地】学习前辈科技报国的爱国情怀，实现中华民族伟大复兴

中国的科技进步离不开前辈们的牺牲与奉献，也离不开中国人的自立自强，才有了今天的航天科技成就。前辈们科技报国的爱国情怀值得我们学习。党的二十大报告指出，在基本实现现代化的基础上，我们要继续奋斗，到本世纪中叶，把我国建设成为综合国力和国际影响力领先的社会主义现代化强国。

【练习要求】

请读者设计并制作航天新闻网页，如图 1-11 所示。此处给出航天新闻网页的全部代码。读者现在一定不清楚其原理，但可以先"依样画葫芦"，把代码录入 HBuilderX 中，并查看运行结果，从而对网页及其编码有初步了解。读者将在后面的课程中学到其中所使用的知识点。

【拓展与提高】

尝试从网上下载对应的图像与文本素材，设计并制作一个新闻网页。网络资源的下载方法可参考 2.5.2 节中的【拓展知识】部分。

◎　图 1-11　航天新闻网页

航天新闻网页的全部代码如下。

```
<!doctype html>
<html>
  <head>
    <meta charset="utf-8">
    <title> 中国航天神舟十二号 </title>
    <link rel="shortcut icon" href="lab1-1/xinhua-logo.jpg" type="image/x-icon">
    <style type="text/css">
      .all {/* 最外层有效页面容器 */
        margin:0px auto;
        background-image:url(lab1-1/mainbg_new.gif);
        background-repeat: no-repeat;
        width: 914px;   /* 有效页面宽度 */
        background-color:#FFF;
      }
      .bt1 {
        background-color: #BBC1D1;
        height: 35px;
        width: 50px;
      }
      p{
        padding: 0px 50px;
      }
      h4 {
        background-color: #B3D0E7;
        padding: 20px 0px;
        margin:0px 30px;
      }
      body {
        background-image: url(lab1-1/bg_body.gif);  /* 网页背景 */
      }
    </style>
  </head>
  <body>
    <div class="all">
    <p> </p>
    <p> </p>
    <h3 align="center"> 神舟十二号乘组两名航天员再次成功出舱 </h3>
      <h4 align="center"><span> 资讯来源: </span> 新华社      发布时间: 2021-
08-20  10:39      点击数量: 348542
      </h4>
      <p> 新华社北京 8 月 20 日电（李国利、邓孟）8 月 20 日 8 时 38 分, 神舟十二号航天员聂海胜成功
开启天和核心舱节点舱出舱舱门, 截至 10 时 12 分, 航天员聂海胜、刘伯明身着中国自主研制的新一代 "飞
```

天"舱外航天服，先后从天和核心舱节点舱成功出舱，并完成在机械臂上安装脚限位器和舱外工作台等工作。后续，他们将在机械臂支持下，相互配合开展空间站舱外有关设备安装等作业。

    </p>

    <p align="center"><img src="lab1-1/chucang.jpg" width="" height="" /></p>

    <p> 三名中国航天员于 6 月 17 日正式进驻中国空间站，两个多月以来已经完成了多项高难度任务，三位航天员用过硬素质展现了中国航天人过硬的水平。执行任务此次出舱前航天员的身体条件良好，整个空间站运行状态稳定，这是执行本次出舱任务的硬性条件。二次出舱前，航天员和地面进行了程序演练，确保任务能够顺利执行，在演练中检验了空间站和地面、空间站航天员之间的默契程度，这是本次出舱任务圆满完成的组织条件。此外，地面航天工作人员对空间站的监控工作、航天员调试出舱装备也都是本次任务顺利完成的基础条件。准备工作中的每一步都马虎不得，而航天员的表现也自证了他们的工作能力，所有参与此次出舱活动的工作人员都值得肯定！

    </p>

    <p> 中国载人航天工程办公室表示，期间，在舱内的航天员汤洪波配合支持两名出舱航天员开展舱外操作。（完）</p>

    <p align="right"> <input name="bt_close" type="button" class="bt1" onclick="window.close();"value=" 关闭 " /></p>

   </div>

  </body>

</html>

1.5.3 常见问题 Q&A

（1）在使用 <img> 标签插入图像时，图像的尺寸太大或太小，怎么办？

答：可以在 <img> 标签中添加图像的宽度或高度属性，具体如下。

```
<img src=" 路径 + 文件名 " width="300" height="200">
```

需要注意的是，当只给定 width 或 height 中的一个属性值时，图像会按原始比例显示。

（2）编写了网页代码，但是运行后（用浏览器打开）却看不到任何结果，是什么原因？

答：一个可能的原因是未添加网页元素，这时需要检查网页的 <body> 与 </body> 标签中是否有内容；另一个可能原因是网页结构关键代码有误或缺失，这时需要检查网页结构是否正确，如 <title> 与 </title> 标签是否缺少尖括号。

1.6 理论习题

一、选择题

1．（　　　）不是用于网页制作 / 网站开发的语言。

    A．HTML   B．C   C．JavaScript   D．CSS

2．（　　　）技术能够使网页具有交互性与动态性。

    A．HTML   B、C 语言   C．JavaScript   D．CSS

3．（　　）是网页结构的必备标签，没有该标签，网页结构是不合法的。

　　A．\<body\>　　　　　B．\<meta\>　　　　　C．\<p\>　　　　　　　　　D．\<div\>

4．以下关于网站的说法，（　　）是错误的。

　　A．用户访问网站时所使用的软件被称为 Web 浏览器

　　B．Web 服务器专门用于托管网站，向发出网络请求的用户发送网页

　　C．一般网站只包括 HTML、CSS，不包括 JavaScript 等其他编程语言

　　D．网页中除了文本，一般还包括图像、音频、视频、动画等内容

二、问答题

1．在 Web 标准中，网页三要素为结构、表现、行为，使用 HTML 标签实例来举例说明这三要素。

2．\<body\> 标签的作用是什么？为什么网页元素标签应该放在 \<body\> 标签的内部？

3．为什么说不使用任何一个 IDE 软件也能制作网页？

4．如何在网页代码中添加注释？

5．请列举 3 个以上可以用于设计网页的工具。

6．如何在 HBuilderX 中建立站点？

7．在 HBuilderX 中，如何使各个标签的属性自动弹出？

8．请列举目前常用的浏览器。

第 2 课　常用的 HTML 标签及其属性

【学习要点】

- 常用的 HTML 标签。
- 常用的网页元素的属性。
- 特殊符号。
- 图像。
- 表格。

【学习预期成果】

　　通过本课的学习，读者可以掌握 HTML 常用标签及其属性的使用方法，能够合理使用不同的标签，设计并制作具有文本、图像和表格的简单网页。此外，读者还将了解图像、表格的基本使用方法，并进一步熟悉 IDE。

　　接下来正式进入网页知识的学习。网页标签是网页中最基本的组成元素，可以标识文本、表格、图像等。本课介绍常用的网页标签及其属性，以及特殊符号等内容。

扫一扫

常用标签及特殊符号

2.1　常用的标签

2.1.1　什么是标签

HTML 使用"< >"结合某些字符标识来标记网页元素（Element），这些标记被称为标签（Tag）。标签可以包括文本内容及超文本内容。标签根据作用不同主要分为以下 4 种类型。

1. 文件结构标签

文件结构标签用于标识文件结构。例如，<html>、<body>、<head>、<title> 等标签。

2. 内容标签

内容标签用于标识网页内容，包括网页中的文本、图像、表格、表单、表单对象、超链接等。段落标签如下。

<p> 段落文字 </p>

二级标题标签如下。

<h2> 二级标题文本 </h2>

3. 修饰标签

修饰标签用于文本装饰或特定语义。例如：

<i> 文本倾斜 </i>
<strong> 文本加粗 </strong>
<mark> 标记或高亮文本 </mark>

4. 布局分块标签

布局分块标签用于标识网页中的布局结构。例如，<div>、<header>、<footer> 等标签。其中，div 是单词 "division" 的缩写，通常配合 CSS 样式使用。

由于 HTML 的发展历史，人们习惯将 HTML5 标准中新发布的标签称为 HTML5 新标签，包括 <header>、<footer>、<article> 等结构标签，以及 <mark>、<progress> 等格式标签。

从形式上看，标签分为两种，大多数标签（如 <p>、<h2>、<li> 等）需要成对出现，即有开始标签（Opening Tag）和对应的结束标签（Closing Tag）。例如：

<h2> Heading2 </h2>

标签之间呈现包含关系或并列关系，如图 2-1 所示。

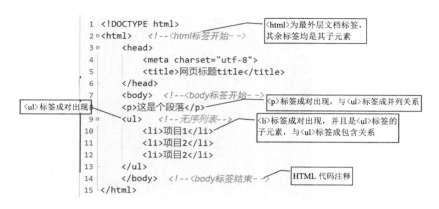

◎ 图 2-1　标签的关系

一些标签不需要结束标签，如 <img> 图像标签、
 换行标签等。"/>"表示规范结尾，也可以使用">"结尾。

```
<img src= "logo.gif" alt= "logo" /> <!-- 无须结束标签 -->
```

【拓展知识】

知识 1：代码缩进规范。

通常，为方便阅读，需要代码缩进，以区分层级关系。在编写代码时，建议使用 4 个空格来缩进代码块，不建议使用"Tab"键。在 HBuilderX 中，子元素代码会自动缩进 4 个字符。

知识 2：代码注释规范。

<!-- 注释 --> 位置在对应代码的上方或右方。读者要养成写代码注释的习惯。

知识 3：文件名规范。

Web 项目中的文件名应该遵循同一命名约定，就可读性而言，以英文名开头，必要时接减号（-）为最佳。资源的文件名应该全部小写。

常见的网页标签如表 2-1 所示。

表 2-1　常见的网页标签

用途	标签	说明
文本标签	<p>	标记段落
	<h1> ~ <h6>	h1 为一级标题（最大字体），h6 为六级标题（最小字体）
	<ul>、<li>	无序列表，二者配合使用，常用于带项目符号的文本，以及 JavaScript 图形特效的载体
	<ol>、<li>	有序列表，二者配合使用，常用于带编号的文本
	<sup>、<sub>	可以将文本设置为上标、下标
表格标签	<table>、<tr>、<td>	基本表格，三者配合使用，<table> 标签为最外层表格，<tr> 标签为行，<td> 标签为单元格
	<caption>	表格标题
	<thead>、<tbody>、<tfoot>	表格语义化结构标签，用于区分表格区域功能
	<th>	与 <td> 标签相似，属于单元格标签，但文本会居中并且加粗

续表

用途	标签	说明
图像标签	<img>	图像标签，不成对出现，必须包含 src 属性
	<figure>、<figcaption>	HTML5 新标签，可用于网页中的插图
表单标签	<form>	表单，其中应包含全部表单元素
	<input>	结合 type 属性，是最常用的表单元素
	<button>	按钮
	<select>、<option>	列表选项，二者配合使用
	<textarea>	文本区域
其他标签	<hr>	用于绘制水平线，进行装饰等。目前已经可以使用 CSS 样式来设置边框线
	
	换行
	<div>	结合 CSS 样式用于普通网页分区
	<marquee>	让网页元素上下或左右滚动，过时标签

注：全部 HTML5 标签见附录 A，读者可以通过相关网站了解并学习全部网页标签。

2.1.2　标签的属性

属性的作用是设置网页元素的长度、宽度、颜色、对齐方式，以及 CSS 样式等。在网页中，除了可以用标签标注网页元素，还可以添加并修改该标签对应的属性（Attributes）。另外，可以在标签中添加一些动作事件。

在标签中添加动作事件的方法是先在标签名后添加空格，然后添加一对属性与属性值，或者一对事件与函数。需要注意的是，不强调两个属性的添加顺序，格式如下。

```
< 标签名 属性 1=" 属性值 1" 属性 2=" 属性值 2" event 事件 =" 函数名 ()" >
```

例如：

```
<input type="button"  onclick="window.close(); " value=" 关闭 " />
```

其中，input 为标签名，type 属性用于说明该元素为普通按钮，onclick 单击事件为 "window.close(); "，即关闭当前浏览器窗口，并且按钮上显示"关闭"字样。此处双引号为英文符号。需要注意的是，所有网页代码中的符号均为英文标点符号。

在传统设置方法中，网页元素包括以下几种常见的属性。

- align、valign：块级元素中的水平对齐，单元格垂直对齐。
- width、height：宽度、高度。
- bgcolor、background：背景颜色、背景图像。
- color：颜色。

以下是几个应用标签属性的例子。

（1）设置网页背景颜色。

```
<!-- 设置网页背景颜色的颜色值为 #CCCCCC，即灰色 -->
<body bgcolor="#CCCCCC" >
```

（2）设置表格。

```
<!-- 设置表格的宽度为 700，边框线粗细为 1，单元格间距为 0，居中对齐 -->
<table width="700" border="1" cellspacing="0" align="center">
```

（3）设置表单元素。

```
<!-- 表单元素为按钮类型，name 与 id 均为 switch1，单击事件为 light_on()-->
<input type="button" name="switch1" id="switch1" value=" 关灯 " onClick="light_on()">
```

需要注意的是，由于技术的发展，现在很多属性设置是通过 CSS 样式来完成的，常用的属性如下。

- style：直接设置 CSS 样式属性。
- class：引用类来设置样式。

例如：

```
<body style="background-color: #CCCCCC;"> <!-- 设置网页背景颜色为灰色 -->
<div class="leftbar"> <!-- 引用一个 CSS 的 "leftbar" 类 -->
<p><span style= "color: red;"> 首 </span> 字为红色 </p> <!--span 用于行内某些文字 -->
```

需要注意的是，这里的 style 是一个属性，后面双引号中的内容是对应的属性值。在实际开发过程中，往往需要用 CSS 样式选择器来调整网页元素视觉效果，如网页背景颜色、字体颜色、边框线等。通过标签中的 style 属性添加元素的 CSS 样式，通常被称为行内式。这是设置 CSS 样式的一种方式。关于基本的 CSS 样式，读者可以详见第 4 课。

总之，想要制作一个完善、美观的网页，通常需要使用标签并结合其特定属性。

【拓展知识】

知识：标签属性与 CSS 样式属性。

在网页中，属性的设置分为两种场景。一种为 HTML 标签属性。例如：

`<h2 align ="center">`

其中，"align" 是标签属性，用 "=" 进行赋值。

另一种为 CSS 选择器中的样式属性。例如：

`<h2 style= "text-align: center; ">`

其中，"text-align" 是 CSS 样式中的属性，用 ":" 进行赋值。请读者注意二者的区别。

2.2 特殊符号

扫一扫

表格标签与应用

由于 HTML 征用了一些符号，如 ">" "<"，因此需要一些特殊符号（Character Entities，也被称为字符实体）来表达被征用的符号或键盘中没有的符号。在网页中表达特殊符号是以 "&" 开头、以 ";" 结尾的。常见的特殊符号如下。

- 大于号 >：>。
- 小于号 <：<。
- 双向箭头⇔：↔。

- 不换行空格： 。
- 版权符号 ©：©。
- 扑克牌的 4 个花色符号♥♠ ♦♣：♥、♠、♦、♣。

由上述特殊符号可以看出，"&"后跟的是英文或英文简写。感兴趣的读者可以在 IDE 中尝试特殊符号的使用（在编辑 HTML 代码时，输入"&"会自动显示一系列特殊符号）。另外，可以用十进制或十六进制的数字编码表示特殊符号，如表 2-2 所示。

表 2-2　用数字编码表示特殊符号

显示结果	说明	字符实体	实体十六进制编码
	一个空格		
<	小于号	&lt;	&#x3c;
>	大于号	&gt;	&#x3e;
&	& 符号	&amp;	&#x26;
"	双引号	&quot;	&#x22;
©	版权号	&copy;	&#xa9;
®	注册商标号	&reg;	&#xae;
×	乘号	&times;	&#xd7;
÷	除号	&divide;	&#xf7;

注：特殊符号均为半角英文符号。

2.3　表格

在网页中，有两种表格：一种是普通表格，如课程表、产品信息表等；另一种是布局表格。

在构建表格时，需要使用表格标签 <table>、<tr>、<td> 来表示表格中行、列结构的包含关系。这些标签一般不可以单独使用。其中，<td>、</td> 标签在最里面，为单元格。相关文本、图像等内容均需放在单元格中。一个两行、三列的表格如图 2-2 所示，其对应代码如下。

◎ 图 2-2　一个两行、三列的表格

```
<table width="600" border="2" bordercolor="red" cellspacing="0" cellpadding="20" >
    <tr> <!-- 行开始 -->
        <td height="30" colspan="3" style="color: #F00;"> 新品推荐 </td> <!-- 三列合并 -->
    </tr> <!-- 行结束 -->
    <tr> <!-- 行开始 -->
        <td><img src="flowers/flower5.jpg" width="150" height="150"></td>
```

```
    <td><img src="flowers/flower7.jpg" width="150" height="150"></td>
    <td><img src="flowers/flower6.jpg" width="150" height="150"></td>
    </tr> <!-- 行结束 -->
</table>
```

所有成对出现的标签都必须有包含关系或并列关系，表格也不例外。

表格的相关标签及其属性如下。

1. <table> 标签

<table> 为表格标签，包括以下常用的属性。

- width：宽度（分为像素数值和百分比两种表示方法）。
- height：高度（分为像素数值和百分比两种表示方法）。
- border：边框线粗细。
- cellspacing：单元格间距。
- cellpadding：单元格填充。
- bgcolor：背景颜色。
- bordercolor：边框线颜色。

2. <tr> 标签

<tr> 为行标签，包括以下常用的属性。

- height：高度（注意：行没有 width 属性）。
- bgcolor：背景颜色（注意：行没有 background 属性）。

3. <td> 标签

<td> 为单元格标签，包括以下常用的属性。

- width、height：宽度、高度。
- background、bgcolor：背景图像、背景颜色。
- align、valign：水平对齐、垂直对齐。
- colspan、rowspan：合并列、合并行。

在使用表格时，除了必需的 <table>、<tr>、<td> 标签，还有表达表格结构的标签，如 <caption>、<thead>、<tfoot>、<tbody> 等。这些标签分别用于普通表格的表格标题、字段表头、数据部分、数据汇总表尾。这些表格标签的作用是区分表格中的单元格功能、格式，便于开发者区分，如图 2-3 所示。

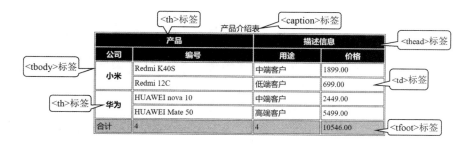

◎ 图 2-3　表格的其他标签

2.4 图像

除了文本，网页中最常用的元素之一是图像。网页中的图像分为两种：内容图像与背景图像。其中，内容图像为网页元素，需要使用 <img> 标签来实现，而背景图像必须依附于某个布局分块元素，通过设置该元素的背景图像属性展示在网页中。

2.4.1 内容图像

内容图像，即将图像作为网页元素，并利用 <img> 标签插入网页中。例如，在网页中插入一个 PNG 图像：

```
<img src="images/logo.png" alt="LOGO" width="100" title="logo" />
```

<img> 标签常用的属性如下。
- width、height：宽度、高度。
- alt：替换文本。
- src：图像来源，通常包含图像文件路径。
- title：在图像上显示标题文本。

需要注意的是，若 <img> 标签中未指定宽度（width）、高度（height），则在该网页中，图像以原始尺寸显示。

2.4.2 背景图像

背景图像，即在网页元素中设置图像作为背景，有以下两种方法。

方法 1（旧）：使用标签的 background 属性。

在 <body> 标签或其内部的网页元素标签中直接添加 background 属性，即 background=" 路径 + 文件名 "，其默认填充方式为在 X、Y 方向上重复填充。例如：

```
<body background="images/body_bg.jpg"> <!-- 对整个网页进行背景图像填充 -->
```

又如：

```
<!-- 对单元格进行背景图像填充 -->
<td width="200" height="50" background ="img/index_11.gif">   </td>
```

使用 background 属性方法无法改变背景图像的平铺填充效果，因此具有很大的局限性。如果想要改变背景图像的平铺填充效果，则需要使用 CSS 样式来实现。

方法 2：使用 CSS 样式。

例如，对网页或单元格进行背景图像填充：

```
<!-- 对整个网页进行背景图像填充 -->
```

```
<body style=" background:url(images/body_bg.jpg);">
<!-- 对单元格进行背景图像填充，行内式 CSS 样式 -->
<td width="200" style=" background:url(img/index_11.gif);" > 单元格内容 </td>
```

这种在网页 <body> 标签或其他对应的标签中添加 style 属性，并使用行内式 CSS 样式进行填充的方式，比较方便灵活，其会默认在 X、Y 方向上进行重复填充。

但是，我们可以根据实际需要设置为只在 X 方向（repeat-x）上重复、只在 Y 方向（repeat-y）上重复，或者不重复（no-repeat），即使用 CSS 样式可以选择不同的重复方式来填充背景图像。例如：

```
<!-- 在整个网页上填充图像，在 X 方向上重复 -->
<body style="background:url(images/body_bg.jpg); background-repeat: repeat-x;">
```

需要注意的是，这种做法的本质是使用行内式 CSS 样式。实际网页中更多的是采取定义并引用 CSS 选择器的方式。关于 CSS 选择器的介绍，详见第 4 课、第 5 课，此处不再详述。

【拓展知识】

知识 1：调整图像尺寸。

在使用 <img> 标签插入图像时，通过 width、height 属性可以很方便地调整图像大小。

知识 2：调整背景图像尺寸。

在使用背景图像时，通过 CSS 样式中的 background-size 属性可以调整图像大小。关于 background-size 属性的用法，详见 15.3.1 节。

读者现在是否迫不及待地想要制作一个具有自己特点的网页了呢？那就运用刚刚学的标签与特殊符号，制作一个具有自己特点的网页吧。

2.5 每课小练

2.5.1 练一练：基本标签的应用

【练习目的】

- 熟悉 HTML 标签。
- 掌握基本文本标签的使用方法。
- 掌握简单表格标签的使用方法。
- 熟悉常用标签属性的设置方法。
- 了解常用特殊符号的使用方法。

【思政天地】规范的代码，严谨的工作态度，细心的工作方式

编写网页代码属于计算机编码的工作范畴，在进行该项工作时，严谨细心十分重要，我

们要遵循编码规范，并养成良好的编码习惯。

- 在使用 IDE 编写代码时，要注意代码缩进规范。
- 尽量使用规范的名称、命名文件及其他名称等。
- 注意代码中的单词拼写、大小写及英文标点符号。
- 尽量添加必要的代码注释，方便自己或他人阅读。

【练习要求】

使用常见的文本标签，设计和制作个人简历网页，要求及提示如下。

- 在项目（站点文件）中新建空白网页文件，并命名为"xx 的个人网页 .html"。
- 设置网页标题为"xx 的个人网页"（使用 <title> 标签）。
- 在 <body> 标签中添加属性，可以自定义网页背景颜色（颜色应柔和不刺眼）。
- 使用常用的网页标签，如 <h1>、<h2>、<p>、<hr>、<ul>、<ol>、<li> 等。
- 参考前述知识，自行添加其他常用的文本标签与特殊符号等，如 <strong>、<em>、 、© 等。
- 在添加表格时，需要依次使用 <table>、<tr>、<td> 标签。
- 页面的排版及配色要尽量美观，效果如图 2-4 所示，但不限于此效果。

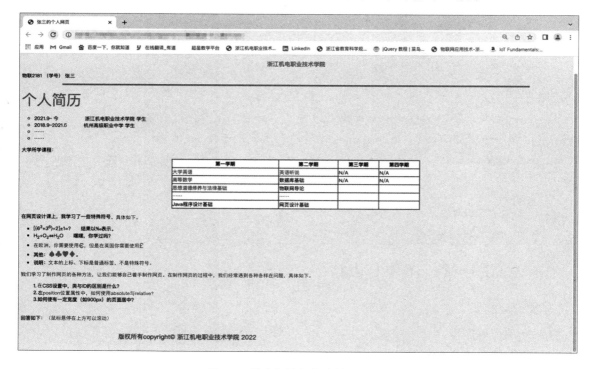

◎ 图 2-4　基本标签与特殊符号练习网页

需要注意的是，这个网页是没有布局的，当窗口缩放时，文本位置会随着窗口宽度的变化而变化，即在默认情况下，网页内容以浏览器窗口的 100% 宽度显示。

扫一扫

应用基本标签制作
个人简介

【拓展知识】

知识 1：有效页面居中。

将网页内容放在一个固定、居中的有效页面范围内有两种方法。

方法 1：先指定一个容器，如一个 table 表格元素或 div 元素，再设置该容器的宽度并将该容器居中对齐。

扫一扫

有效页面居中

```
<body>
    <table width="1000" align="center" …… ><!-- 表格宽度为 1000px，居中对齐，以及其他属性 -->
        <tr>
            <td>
            <!-- 此处为全部可见网页内容 -->
            </td>
        </tr>
    </table>
</body>
```

方法 2：使用一个 div 元素，将全部内容放在该 div 元素中，并将其居中对齐。例如：

```
<body>
<!--div 元素宽度为 1000px，居中对齐，白色背景-->
    <div style="width:1000px;margin: 0 auto; background-color: #FFFFFF; " >
    <!-- 全部可见网页内容 -->
    </div>
</body>
```

知识 2：文字左右滚动效果。

<marquee> 是早期常用的网页动态效果标签。通过以下示例可以实现动态效果。其中，direction 属性表示滚动方向，scrollamount 属性表示滚动速度。

```
<marquee direction="up"  scrollamount="1" height="80" onmouseover="this.stop();"onmo useout="this.start();">
    <!-- 滚动开始 -->
    <!-- 此处显示需要滚动的文本内容 -->
</marquee> <!-- 滚动结束 -->
```

2.5.2 试一试：图像与表格

【练习目的】

- 学习内容图像、背景图像的应用。
- 掌握简单表格标签的应用。
- 初步了解 style 属性的应用。

【练习要求】

在一般网站中，有时可以用表格来列出一些内容，如在杭州市小客车总量调控管理信息系统网站中，用户可以看到该网站的表格下载网页（见图 2-5），使用表格可以模仿如图 2-5 所示的网页（需要注意的是，该实际网页不仅仅是使用表格来实现的）。

◎ 图 2-5　表格下载网页

制作过程如下。

（1）下载相关素材，包括文字、图像等。

（2）新建一个空项目，并在该项目中新建一个图像文件夹，如 images 文件夹。

（3）在项目中新建网页文件，在 <head> 与 <body> 标签中输入对应的网页元素及其属性代码。

需要注意的是，在制作网页的过程中，一定要时常查看网页运行结果，分析网页代码的含义，并举一反三地思考，这样有助于知识的巩固与自身能力的提高。

步骤①：设置网页背景图像。

```
<body style=" background-image:url(images/mainbg_1.jpeg); background-repeat: no-repeat; background-position:
center top; ">
```

步骤②：添加 <div>、<table> 等标签，在页面中插入 Logo 所在的 div 元素、表格元素等，在 <div> 标签中使用 style 属性设置 CSS 样式，实现对应的页面效果。

```
<div style="height: 120px; padding: 30px; text-align: right;"> <!-- 设置 div 高度等 -->
 <img src="images/logo2.png"> <!-- 将 Logo 放在 div 元素中 -->
</div>
<table width="1100" align="center" bgcolor="#FFFFFF">
    <caption> 杭州市小客车总量调控管理信息系统 - 表格下载 </caption>
    <tr bgcolor="#eeffbf">
        <td width="750"><h3> 表格下载 &gt;&gt; 单位表格下载 </h3></td>
        <td width="250"><img src="images/exit-bt.png"></td>
    </tr>
    <!-- 添加行与单元格 -->
</table>
```

步骤③：添加 <footer> 标签，作为版权部分。

```
<footer>
    <p> 主办、建设管理、技术支持：杭州市交通运输管理服务中心咨询电话：12328 主办单位联系方式：
0571-87008625
    <br>
```

备案号：浙 ICP 备 18050132 号 -2 浙公网安备 33010502001397</p>
</footer>

全部代码如下。

```html
<!DOCTYPE html>
<html>
  <head>
    <meta charset="utf-8">
    <title> 杭州市小客车总量调控管理信息系统 - 表格下载 </title>
    <style>
    /* 设置页面及其他相关网页元素的样式，相关知识将在后续章节中介绍 */
    body{/*body 标签选择器的 CSS 样式代码 */
      background-image:url(images/mainbg_1.jpeg);
      font-size: 18px;
      background-repeat: no-repeat;background-position: center top; }
    h3{
      text-decoration: underline; color: #b59614;
      font-weight: normal; font-size: 1.25em;}
    tr:hover{
      background-color:#EFEFEF ;}
    caption{
      padding: 20px; background-color: rgba(255,255,255,0.7);
      font-size: 30px;}
    footer{
      background-color: #191919; color: white; margin-top:30px ;
      text-align: center; padding: 20px; font-size: 13px;}
    </style>
  </head>
  <body style=""> <!-- 将前面 body 标签选择器的 CSS 样式代码放在此处，效果相同 -->
  <div style="height: 120px; padding: 30px; text-align: right;"> <!-- 设置 div 元素的高度等 -->
   <img src="images/logo2.png">  <!-- 将 Logo 放在此 div 元素中 -->
  </div>
  <table width="1100" cellpadding="15" border="1" bordercolor="#EFEFEF"
  align="center" cellspacing="0" bgcolor="#FFFFFF">
  <caption> 杭州市小客车总量调控管理信息系统 - 表格下载 </caption>
  <tr bgcolor="#eeffbf">
      <td width="750"><h3> 表格下载 &gt;&gt; 单位表格下载 </h3></td>
      <td width="250"><img src="images/exit-bt.png"></td>
  </tr>
  <tr>
      <td> 表 1- 增量 - 小客车增量指标申请表 - 单位 .doc </td>
      <td align="center"><img src="images/download-bt.jpg"></td>
  </tr>
  <tr>
```

```
        <td> 表 2- 增量 - 小客车增量指标申请表 - 单位（新投资企业）.doc </td>
        <td align="center"><img src="images/download-bt.jpg"></td>
      </tr>
      <tr>
        <td> 表 6- 更新 - 小客车更新指标申请表 - 单位 .doc </td>
        <td align="center"><img src="images/download-bt.jpg"></td>
      </tr>
      <tr>
        <td> 表 9- 其他 - 小客车其他指标申请表 - 单位（专用车辆）.doc </td>
        <td align="center"><img src="images/download-bt.jpg"></td>
      </tr>
      <tr>
        <td> 表 10- 其他 - 小客车其他指标申请表 - 单位（出租汽车）.doc</td>
        <td align="center"><img src="images/download-bt.jpg"></td>
      </tr>
      <tr>
        <td width="900"> 表 11- 其他 </td>
        <td align="center"><img src="images/download-bt.jpg"></td>
      </tr>
      <tr>
        <td width="900"> 表 12- 其他 </td>
        <td align="center"><img src="images/download-bt.jpg"></td>
      </tr>
    </table>
    <footer>
      <p>主办、建设管理、技术支持: 杭州市交通运输管理服务中心 咨询电话: 12328 主办单位联系方式:
0571-87008625
      <br>
      备案号: 浙 ICP 备 18050132 号 -2 浙公网安备 33010502001397</p>
    </footer>
  </body>
</html>
```

【拓展知识】

知识：下载网络资源的方法。

扫一扫

浏览器资源下载与编辑器

下载文本素材：先选中需要下载的文本，再右击该文本，在弹出的快捷菜单中选择"复制"选项。

下载普通图像（实际网页中使用 <img> 标签插入的图像，如网站上的 Logo）：可以直接右击该图像，在弹出的快捷菜单中选择"将图像另存为"选项。

下载通过 CSS 样式代码或 JavaScript 代码添加的图像：这类图像（如网页中的背景图像）无法直接保存为图像文件，需要先找到对应的代码，再通过路径来获取。

关于路径的知识，详见第 3 课。

2.5.3 常见问题 Q&A

（1）为什么使用 <img> 标签插入图像后，网页中不显示图像，反而显示一串代码？

答：网页标签的"<"后要紧跟标签名，不能有空格，否则浏览器无法识别。

（2）为什么在表格下载网页中使用 <img> 标签插入背景图像时，表格无法覆盖在上方？

答：使用 <img> 标签插入的图像是内容图像，而不是背景图像。使用 <img> 标签插入背景图像是错误的，要使用代码方法插入背景图像，即通过 CSS 样式把图像作为背景。如果一定要使用 <img> 标签插入背景图像，则需要使用 position 位置属性。关于 position 位置属性，详见本书第 8 课。

（3）在网页代码中，为什么有时注释使用"/* …注释文本… */"，有时使用"<!--…注释文本…-->"？

答：这是两种不同语言的注释方法，CSS 样式代码中使用的是"/* …注释文本… */"，HTML 中使用的是"<!-- 注释文本 -->"，请读者不要混淆。

2.6 理论习题

一、选择题

1.（   ）不是 HTML 文件中的标签名。
   A．p   B．span   C．color   D．img
2.（   ）是不需要成对使用的标签。
   A．<p>   B．<a>   C．
          D．<div>
3. 关于特殊符号，以下（   ）说法是错误的。
   A．在网页中，添加版权符号的方法是在代码中添加"©"
   B．网页元素的上标或下标，如 X^N，必须用特殊符号来表示
   C．除了可以用以"&"开始的符号，也可以用特殊符号的数字来代替，如">"既可以用">"来表示，也可以用">"来表示
   D．一般来说，在开发环境的英文输入状态下，在代码视图中输入"&"符号时，会弹出一系列可供选择的特殊符号
4. 以下关于表格的说法，（   ）是错误的。
   A．表格标签必须包括 <table>、<tr>、<td>
   B．通过以下方法可以添加表格中某一行的背景颜色：

```
<tr bgcolor="#CCC">
```

   C．通过以下方法可以用图像来填充表格背景：

```
<table background=" 图像路径 + 文件 ">
```

   D．想要创建双线表格，只需将 cellpadding 属性设置为非 0
5. 在下面选项中，（   ）标签可以产生带数字的列表前导。
   A．<ul>   B．<dl>   C．<ol>   D．<li>

6. （　　　）样式设置不能使具有灰色背景的 div 元素显示页面居中效果：

A.

```
<div style="background-color: #EEE; width: 80%; margin: auto;">
    此处为页面内容
</div>
```

B.

```
<div style="background-color: #EEE; width: 800px; margin: 0 auto;">
    此处为页面内容
</div>
```

C.

```
<div style="background-color: #EEE; width: 80%; margin-left: auto; margin-right: auto; ">
    此处为页面内容
</div>
```

D.

```
<div style="background-color: #EEE; width: 80%; margin: auto 0px; ">
    此处为页面内容
</div>
```

二、思考题

1. 常用的用于标识文本的标签有哪些？
2. 什么是标签的属性？有什么作用？请举例说明。
3. 为什么网页中存在特殊符号？常用的特殊符号有哪些？请举例说明。
4. 为美化网页，使用的标签有哪些？请举例说明。

第 3 课　超链接与路径

【学习要点】

- 超链接标签及其属性。
- 锚记。
- 绝对路径与相对路径。
- 使用表格布局来制作简单页面的方法。

【学习预期成果】

掌握网页中超链接标签的语法结构与实际应用，并能在网页中正确添加超链接；了解并掌握绝对路径与相对路径在网页中的实际应用，并能通过简单的表格布局完成有各种超链接的网页。

网页中最重要的功能之一是超链接跳转，几乎所有的页面中都有超链接。超链接通常与路径结合使用。路径分为绝对路径和相对路径。除了超链接，与文件相关的任何内容都需要使用路径，如图像文件路径等。

扫一扫

图像超链接路径

3.1.1 超链接标签及其属性

超链接（Link）是网页中不可缺少的元素，也是最能体现网页用途的重要特性之一。在实际网页中，当鼠标指针悬停在某个具有超链接的元素上方时，将出现一个链接符号，通常显示为"小手"形状，单击该元素会跳转到其他页面或页面位置。

超链接标签是 <a>，其语法结构如下。

<a href=" 路径 + 文件或 URL" target=" 目标 " title="title 名 " > 链接文本 </a>

例如：

<a href="https://www.12306.cn/en/index.html" title="English"> English </a>

target 属性指的是在单击超链接后，浏览器对网页的打开方式，包括以下方式。

- _blank：在新窗口中打开被链接的文件。
- _self：默认方式，在相同的框架中打开被链接的文件。
- _parent：在父框架集中打开被链接的文件。
- _top：在整个窗口中打开被链接的文件。
- framename：在指定的框架中打开被链接的文件。

href 属性指的是打开链接的对象，超链接的方式包括以下几种。

- href="#first"：链接到锚记，# 后面的为锚记名。
- href="#"：链接到空，表示回到顶部。
- href="http://www.163.com"：链接到一个 URL 地址，即某个网站，是绝对路径。
- href="path+file1.htm"：链接到自己站点中的网页，通常使用相对路径。

在 <a> 标签中加入 title 属性后，当鼠标指针悬停在超链接上时，会显示链接标题的说明文本。

3.1.2 锚记

锚记（Anchor）也被称为锚点，是网页中的一个定位，属于超链接的一个元素。用户通过锚记可以超链接到网页中的特定位置，类似于文件中的书签功能。例如，在百度百科的名人百科中，单击作品超链接可以定位到网页中对应的作品介绍位置，即实现网页内的跳转。锚记的应用步骤如下。

（1）命名锚记。

在网页的特定位置通过"<a name=" 锚记名 " > </a>"命名锚记，相当于在该位置做一个记号。需要注意的是，锚记名称应该符合一般的命名规范，可以是英文或数字，但是不能是中文字符。例如：

```
<a name= "first"> </a>
```

（2）超链接到锚记。

通过 href 属性可以超链接到带"#"符号的锚记名，也被称为链接到"锚 URL"。例如：

```
<a href= "#first" > 链接文本 </a>
```

有时需要将链接指向某个电子邮箱，可以使用 mailto 链接，将内容发送至特定邮箱，例如：

```
<a href="mailto: name@email.com" > 链接到邮箱 </a>
```

3.2 路径

简单地说，路径是指文件或对象在计算机中的位置。网页中的路径包括绝对路径和相对路径。例如，前述的 href="http://www.163.com" 是通过绝对路径链接到网易网站首页的。网页中的路径通常用于以下几方面。

- 超链接的 href 链接对象。
- 图像的 src 文件插入。
- 背景图像的 url 文件应用。

3.2.1 绝对路径

绝对路径是指包含服务器协议的完全路径。例如，对应上述路径的实际应用实例：

```
<a href= "http://www.hxss.com.cn/ "> <!-- 链接到 URL-->
<img src= " file:///D:/flowers/flower12.jpg" > <!-- 链接来源为本地 D 盘文件 -->
<!-- 背景图像来源为外部 URL 中的文件 -->
<header style= "background: url(http://www.hxss.com.cn/images/logo.png); repeat: no-repeat;" >
```

如图 3-1 所示，方框中的代码为图像位置，这个位置就是绝对路径。在任何设备的浏览器中打开该 URL 的完全路径，可以看到对应的图像。

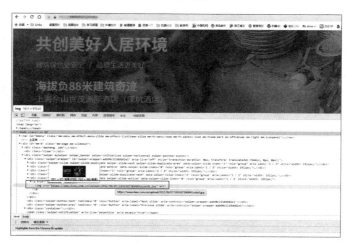

◎ 图 3-1　杭萧钢构网站首页

3.2.2　相对路径

相对路径是指被链接的文件或对象相对于当前文件的路径，包括图像文件、超链接、JS 文件、CSS 文件等的链接。在网站中，这些链接均采用相对路径，即相对于网站的站点文件夹来定位文件。一般来说，在使用相对路径时，图像被链接到的文件通常与当前文件在同一个文件夹（目录）中，或者至少在同一个站点内。

```
<img src="images/index_03.gif" />  <!-- 图像来源于本站点 images 文件夹 -->
<a href="index.html"> ……</a>  <!-- 超链接到本站点网页文件 -->
<link href="styles/comcontent/public2.css" rel="stylesheet">  <!-- 外部 CSS 文件 -->
<script src="scripts/common/backTop.js"></script>  <!-- 外部 JS 文件 -->
```

在第 2 课的表格下载网页中，网页的背景图像就是使用了相对路径（见图 3-2 中的方框部分），此处的背景图像与当前文件不在同一个文件夹中，而是在 images 文件夹的上一级目录中（".."表示回到上一级），但是它们都属于同一个站点（见下方代码中的加粗语句）。

```
.i_wrap {
    width: 100%;
    ……
    background: url(../images/mainbg_1.jpg) …… ; /*url 为图像来源 */
}
```

◎ 图 3-2　使用相对路径的背景图像

无论是相对路径还是绝对路径，只要找到它的位置，就可以下载该图像。通过将鼠标指针移动到该代码上方，可以获取其绝对路径信息是 https://hzxkctk.cn/templates/indexs/images/mainbg_1.jpg，从而获取背景图像原文件。这种做法类似于人工操作的网络爬虫，如图 3-3 所示。

◎ 图 3-3　人工操作的网络爬虫

3.3　每课小练

3.3.1　练一练：简单超链接

【练习目的】

- 了解并掌握使用无序列表导航超链接的基本应用。
- 了解并掌握绝对路径的应用。
- 了解图像热点区域链接的应用。

【练习要求】

（1）使用 <a> 标签，完成如图 3-4 所示的链接到菜鸟教程网站的页面之间的超链接练习。思考如何使用 CSS 样式美化该超链接（详见第 5 课）。

◎ 图 3-4　超链接练习

（2）在图像中添加热点区域是一种传统的超链接方法，也被称为地图超链接、热区超链接。先在图像区域添加 <map> 标签，并给定其 name 属性，再在图像中通过 usemap="#mapname" 进行关联，可以达到热区超链接的效果。请完成以下练习，效果及参考代码如图 3-5 所示。

在网页中插入合适的图像，并添加 3 种不同图形（多边形、矩形、圆形）的热区，分别超链接到空、机电学院主页、上述自制网页。在添加超链接时，要注意以下几点。

- 路径问题：保证在插入图像之前先保存网页，并使用相对路径插入图像。
- 调整图像的大小。
- 插入 3 种类型的超链接：空（# 锚记）、站点中的文件、URL（http 开头）。

```
<img src="lab1-2/jiangshi.jpg"width="539" height="363" usemap="#Map">

<map name="Map">

<area shape="rect" coords="24,75,215,120" href="#">

<area shape="circle" coords="407,296,31" href="#">

<area shape="poly" coords="111,5,17,36,27,71,206,72,209,37" href="#">

</map>
```

注意：必须将热区超链接形状(Shape)区域与图像进行关联，需要为map属性添加名称，如：name="Map"，还需要在图像中添加usemap属性，如usemap= "#Map"，两个 "Map" 名称要完全一致。

◎ 图 3-5 热区超链接效果及参考代码

3.3.2 学以致用：再别康桥网页

【练习目的】

- 掌握页面属性设置，文本、项目列表、图像、表格、超链接等常用网页元素的使用方法。
- 熟悉并掌握相对路径、绝对路径的使用方法。
- 掌握表格的使用方法，能够使用表格完成简单的页面布局。
- 能够熟练使用页内的锚记超链接。

【思政天地】中华文化自信与传承

中国历史文化悠久，从古文的诗词歌赋（如李清照的《如梦令·昨夜风疏雨骤》《声声慢·寻寻觅觅》）到现代的白话文诗歌（如徐志摩的《再别康桥》），无一不体现了中华民族优秀深厚的文化底蕴。通过《再别康桥》这首著名的现代诗，读者可以领略徐志摩这位才华横溢的诗人的风采。

【练习要求】

新建 HTML 文件，利用表格布局添加图像、超链接等，完成如图 3-6 所示的再别康桥网页，具体步骤如下。

1. 基本任务

（1）网页标题为"自己学号、姓名的再别康桥"。

扫一扫

再别康桥网页

（2）整体页面设置：背景颜色为浅色渐变，具体颜色自选，可以自制渐变图像，也可以使用 CSS3 线性渐变属性，整体页面文本颜色为深蓝色。

（3）使用 HTML 代码完成表格布局页面，其中包括居中的表格、文本字体、标题等元素，部分要求详见图 3-6 中的标注。

（4）版权部分靠右对齐，可以使用传统的 <marquee> 标签使该部分自右向左滚动，并尝试调整滚动范围、滚动方向、速度等。

2. 添加锚点与超链接

（1）可以在上述网页中先插入英文部分内容，再在其顶部插入文字"第一段 最后一段英文版"等文本，并分别加入页内的锚记超链接。

步骤①：在网页对应位置添加锚记，注意锚记的命名。

步骤②：添加超链接，使其链接到对应锚记。

（2）在诗歌段落最后添加"返回"文本，并使其链接到网页顶部。

读者可以自行进一步丰富网页，如在右边单元格中插入一张图像，并将其调整到合适大小；使用 3 种不同的区域（circle、rect、poly），并超链接到不同位置。

扫一扫

页内超链接定位

◎ 图 3-6 再别康桥网页

【拓展知识】

知识 1：使用渐变背景图像。

由于直接在 <body> 标签中添加 background 属性无法仅在 X 方向上进行填充，合理的做法是在 <body> 标签中添加以下行内式 CSS 样式代码。

<body style="background-image: url(imgs/bg.jpg); background-repeat: repeat-x;">

……

</body>

其中，url 属性圆括号内的"imgs/bg.jpg"为背景图像所在路径及其文件名；"background-repeat: repeat-x;"的作用是让图像横向平铺，如果没有此语句，则背景图像将会全页铺满。

知识 2：使用 CSS3 渐变颜色背景。

<body style="background: linear-gradient(#aae1ab 0%, #e7ffeb 40%, #FFF);">

……

</body>

使用 CSS3 来设置渐变颜色填充的方法比较高级。

3.3.3　常见问题 Q&A

（1）为什么将 cellspacing 属性设置为 0 了，但是仍然无法看到表格的单边框线？

答：设置表格的单边框线除了将 cellspacing 属性设置为 0，还需要将 border 属性设置为非 0 的整数，表示表格线条的粗细。例如：

```
<table ellspacing= "0" border="1" >
```

（2）为什么 <hr> 标签能够直接使用 color 属性设置颜色，而文本无法直接使用 color 属性设置颜色？

答：因为 <hr> 标签具有 color 属性，而文本所使用的标签（如 <p>、<li> 等）不具有 color 属性。设置文本颜色有两种方法，一种是过时的方法，即使用 <font> 标签包裹文本，具体代码为

```
<p><font color=" 颜色值 "> 颜色文本 </font> 正常段落文本 </p> <!-- 过时的方法 -->
```

另一种是现在使用的方法，即使用 CSS 样式设置文本颜色，具体代码为

```
<p style="color: 颜色值 "> 颜色文本 </p> <!-- 行内式 CSS 样式 -->
```

需要注意的是，除了使用 <font> 标签设置字体，使用 <hr> 标签设置水平线、使用 <marquee> 标签设置滚动特效等也都是过时的方法，仅供读者了解。目前网页中的水平线是通过设置对应网页元素的边框线 CSS 样式来实现的，而不使用 <hr> 标签来实现。

3.4 理论习题

一、选择题

1. 以下关于超链接的说法，（　　）是错误的。

　　A．规范的 <a> 标签必须成对出现，即必须以 </a> 标签结束

　　B．<a href=" "> 表示空链接（链接到空）

　　C．<a href=" 链接目标 "> 中的 href 属性是不能省略的

　　D．在网页中，可以超链接到本网站的网页、本网页的锚记，也可以链接到其他网站

2. 在使用热区超链接时，（　　）标签或属性不是必须使用的。

　　A．<img>　　　　　B．<map>　　　　　C．<rect>　　　　　D．href

二、思考题

1. 在使用表格布局时，如何不显示单元格的边框线？如何显示单边框线效果？

2. 在 HTML 标签中，大多数标签需要成对出现，如 <h2>、</h2>，但是也有不需要成对出现的标签，如
，请列举其他不需要成对出现的标签，并说明它们的作用。

3. 热区超链接与文本超链接有什么区别？

4. 什么是绝对路径？什么是相对路径？为什么说在一般网页制作中常使用相对路径？

第 4 课　简单 CSS

【学习要点】

- 什么是 CSS 样式。
- CSS 选择器类型。
- 设置 CSS 样式的方法。
- 颜色与颜色模型。

【学习预期成果】

　　了解什么是 CSS 样式，什么是基本选择器；掌握 CSS 样式的基本用法，能够使用 CSS 选择器设置常见的网页样式，如网页背景，网页元素的大小、边框线及颜色等；了解颜色模型及其应用。

　　为了让网页看起来更加美观和舒适，需要设置网页元素的 CSS 样式。正规的做法是通过定义与使用 CSS 样式选择器来修饰网页元素或进行页面布局，以提供良好的用户体验，实现令人满意的视觉效果。本课学习 CSS 基本选择器、颜色模型，以及 CSS 样式中颜色的设置方法。相对复杂的 CSS 选择器将在第 5 课中介绍。

Web 前端开发必知必会

 扫一扫

基本 CSS 与颜色模型

4.1　CSS 样式概述

4.1.1　CSS 样式的作用

CSS 是 Cascading Style Sheets（层叠样式表）的缩写，是一种用来表现 HTML 或 XML 等文件中网页元素样式的计算机语言，通过各种 CSS 选择器（Selector）对网页元素进行效果设置、美化、布局，十分便捷、高效。从 CSS 样式的发展来看，新增的 CSS3 选择器为用户提供了更加复杂多样、方便实现的效果。

CSS 主要有两种作用：一是设置样式，二是进行页面布局。

1．设置样式

利用 CSS 可以设置网页元素的各种属性，如图像的宽度、高度，字体的大小、颜色，网页背景等，并且能够非常精确、灵活地控制这些属性。例如，可以很方便地进行以下常见样式设置。

- 网页文字大小。
- 文字环绕图像。
- 各种按钮样式。
- 圆角阴影效果。
- 渐变颜色背景。
- 超链接样式。

2．进行页面布局

利用 CSS+DIV 进行页面布局，可以是固定宽度布局或弹性布局，也可以结合媒体查询 @media 来实现响应式布局（详见第 14 课）。

CSS 不仅能够通过选择器实现简单的修改让网页元素产生巨大的变化，还能够方便地实现用户想要的布局效果，这也是 CSS 样式成为 Web 前端开发三大件之一的原因。

4.1.2　什么是选择器

选择器是一种模式，用于选择需要添加样式的元素，在 CSS 样式代码中体现为 { } 之前的部分，分为基本选择器与复合选择器。图 4-1 所示为基本选择器。

如图 4-1 所示，网页采用了内嵌式 CSS 样式，方法是在网页的 <head> 与 </head> 标签之间，将选择器定义在 <style> 标签中。标签选择器也被称为元素选择器。

在定义 CSS 样式后，标签选择器直接生效于对应的网页元素，不需要专门引用，而 ID 选择器、类选择器需要在 HTML 代码中显式引用才能生效。

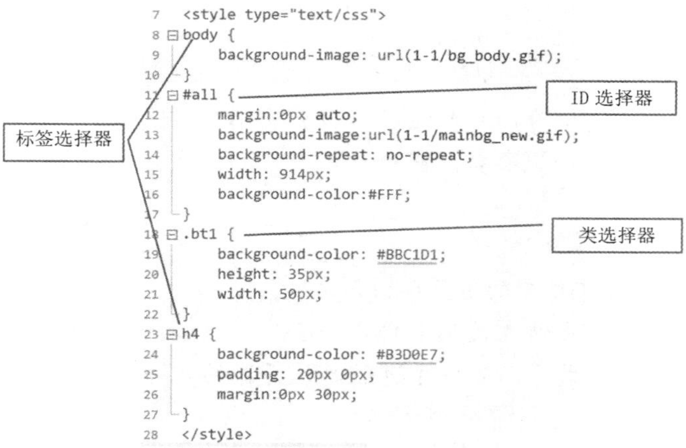

```
 7    <style type="text/css">
 8  □ body {
 9        background-image: url(1-1/bg_body.gif);
10  └ }
11  □ #all {
12        margin:0px auto;
13        background-image:url(1-1/mainbg_new.gif);
14        background-repeat: no-repeat;
15        width: 914px;
16        background-color:#FFF;
17  └ }
18  □ .bt1 {
19        background-color: #BBC1D1;
20        height: 35px;
21        width: 50px;
22  └ }
23  □ h4 {
24        background-color: #B3D0E7;
25        padding: 20px 0px;
26        margin:0px 30px;
27  └ }
28    </style>
```

标签选择器

ID 选择器

类选择器

◎ 图 4-1　基本选择器

在以下代码中，网页定义了 body 标签选择器，即 <body> 标签使用了这个选择器，因此网页会显示其定义的 CSS 样式的效果，网页背景颜色将显示为淡蓝色（aliceblue）。如果要让 .wrapper 选择器生效，就必须在 HTML 代码中引用该选择器，即使用 class:"wrapper" 属性。

这里需要特别注意的是，body 标签选择器与 <body> 标签是两个概念，前者是 CSS 样式代码，而后者是 HTML 代码，请读者不要混淆。

```
<html>
  <head>
  …… <!-- 其他结构标签，此处省略 -->
    <style type="text/css"> /* 内嵌式 */
      body{ /* 标签选择器的定义，网页中将自动引用——隐式引用 */
        background-color: aliceblue;
      }
      .wrapper{ /* 类选择器的定义 */
        max-width: 1024px;
        margin: 0px auto;
      }
    </style>
  </head>
  <body> <!-- 标签选择器的隐式引用 -->
    <div class="wrapper"> <!-- 类选择器的显式引用 -->
      ……
    </div>
  </body>
</html>
```

需要注意的是，CSS 样式中的注释方法与 Java 或 C/C++ 等语言的相似，分为以下两种，其中 "/*……*/" 注释方法更规范。

```
/* 多行注释
```

……文本 */

// 单行注释文本

　　CSS 选择器在文件中的位置，或者说 CSS 样式引用的方式包括：行内式、内嵌式、链接式、导入式。建议初学者使用更容易理解的内嵌式，如上面代码中的定义方法。

【拓展知识】

知识 1：CSS 样式在文件中的位置和引用方式。

　　由前述得知，目前网页通常使用 HTML、CSS、JavaScript 结合的方式来完成，其中 CSS 文件用于定义 CSS 样式。定义与存放 CSS 选择器的 4 种方式举例如下。

```
<!doctype html>
<html>
  <head>
    <meta charset="utf-8">
    <title> 不同位置的 CSS 样式 </title>
    <style type="text/css"> /* 内嵌式：在网页内部定义 */
    .style1 {
       font-family: " 华文彩云 ";
       font-size: 24px;
       color: #00F;
       /*width: 200px;*/
       border: 2px solid #00F;
    }
    </style>
    <!-- 导入式：使用外部 CSS 文件，可以导入多个 -->
    @import url(mystyle/test2.css);
    <!-- 链接式：链接外部 CSS 文件，可以链接多个 -->
    <link href="mystyle/test.css" rel="stylesheet" type="text/css" />
  </head>
  <body>
    <!-- 行内式：在行内定义，无选择器名称，如下段代码 -->
    <p style="border:#F00 dashed 3px; font-family:' 黑体 '; font-size:24px;color:#F00; width:200px;"> 行内式 CSS 样式 </p>
    <p class="style1"> 内嵌式 CSS 样式 </p>
    <p class="style2"> 链接式 CSS 样式 </p>
    <p class="style3"> 导入式 CSS 样式 </p>
  </body>
</html>
```

知识 2：将内嵌式改为链接式。

　　网站中最常见的使用方式是链接式，可以将内嵌式的选择器定义改为链接式，方法如下。

　　（1）在站点内的 CSS 文件夹中新建一个 CSS 空白文件，如命名为 style.css。

　　（2）通过文本编辑器剪切全部选择器并将其移动到 CSS 文件（style.css）中，注意不要剪切 <style> 与 </style> 标签。

（3）在 <head> 标签中添加链接代码。

<link href="css/style.css" rel="stylesheet" type="text/css" />

（4）删除原来的 <style> 与 </style> 标签。

4.1.3　CSS 选择器类型

读者不难发现，前几课的一些代码中实际上已经使用了 CSS 样式，如设置网页的背景图像：

```
<body style=" background-image: url(images/mainbg_1.jpeg);
background-repeat: no-repeat; background-position: center top;">
```

这种情况是添加 style 属性的方式，被称为行内式 CSS 样式。在实际网页中，一般通过选择器来改变网页元素的样式，包括类、ID、标签 3 种基本选择器，以及它们的组合——复合选择器。本课先介绍基本选择器，再介绍复合选择器。

下面介绍基本选择器的定义与应用。需要注意的是，CSS 选择器定义所用到的符号均为英文符号，不支持中文符号，因此读者在编写代码时注意不要用错。

1. 类（Class）选择器

从如图 4-1 所示的代码中可以看出，类选择器以 "."开头，后跟类名及花括号，CSS 样式和属性值全部写在花括号中。

```
.类名 { 属性 : 属性值 ;}
```

在网页元素中使用类选择器的方法是

```
<标签名 class=" 类名 ">
```

例如，定义下面两个类选择器：

```
.all {
    margin:0px auto;
    background-image:url(1-1/macssinbg_new.gif);
    background-repeat: no-repeat;
    width: 914px;
    background-color:#FFF;
}
.bt1 {
    background-color: #BBC1D1;
    height: 35px;
    width: 50px;
}
```

在 <body> 与 </body> 标签之间的网页元素标签中应用这两个类选择器：

```
<div class="all">……</div>
<input class="bt1">
```

在实际应用中，可以使用 CSS 将各种样式属性和对应的值添加到 {} 中，从而将其应用于网页元素。这种叠加的方式使得 CSS 样式可以层叠在一起，因此被称为"层叠样式表"。对类来说，一旦定义了这个类，就可以将该类用于任意网页元素，即**"一次定义，多次有效"**。

2. ID 选择器

定义 ID 选择器的方法与类选择器的相似，只是 ID 选择器是以"#"开头的。

```
#ID 名 { 属性 : 属性值 ;}
```

在网页元素中使用 ID 选择器的方法是

```
< 标签名 id= "ID 名 ">
```

例如，定义下面一个 ID 选择器：

```
#all {
    margin:0px auto;
    background-image:url(1-1/mainbg_new.gif);
    background-repeat: no-repeat;
    width: 914px;
    background-color:#FFF;
}
```

在 body 元素范围内的网页元素标签中应用这个 ID 选择器，方法如下。

```
<div id="all">……</div>
```

从表面上看，ID 选择器与类选择器的定义及引用方法相似。在定义时，类选择器使用字符"."，而 ID 选择器使用字符"#"；在引用时，一个是在标签中使用 class 属性，另一个是使用 id 属性。但是，由于 id 属性也用于标识唯一的网页元素，不同的网页元素不能使用同一个 id，因此每个 ID 选择器只能被一个网页元素使用，即**"定义一个 ID 选择器后，该 ID 选择器只能被使用一次"**。从本质上说，类选择器可以用于修饰任何元素，类似于"化妆"的效果；而 ID 选择器只能用于对应 id 名的网页元素。

实际上，id 更多用于 JavaScript 等代码来获取网页元素，如果纯粹从样式的角度出发，通常使用类选择器来定义样式，并将其应用于对应的网页元素，包括元素本身样式及布局等。

3. 标签选择器

标签选择器的作用是修改网页元素所用标签的默认属性。例如，当需要将全部的 h2 元素样式改为隶书、加粗、深蓝色时，可以直接定义：

```
h2{
    font-family: " 隶书 ";
    font-weight: bolder;
    color: #006;
}
```

此时，使用 <h2> 标签的网页元素会全部变成上述的效果，而不需要另外引用这个选择器。换句话说，标签选择器的作用是**"直接修改标签的默认样式"**。如果说类选择器类似于"化妆"

的效果，那么标签选择器类似于"整容"的效果。

4. 复合选择器

复合选择器是以上基本选择器的组合，不同类型的复合选择器用不同的连接符号做间隔，具体如下。

- 群组选择器（用逗号做间隔）：h1, h2, h2{}。
- 后代选择器（用空格做间隔）：ul li {}。
- 伪类选择器（用冒号做间隔）：a: hover{}。

其他连接符号有 +、~、[]（详见第 5 课）等，以及相关的其他 CSS3 各种类型选择器。需要注意的是，这些连接符号均必须是英文字符。

4.1.4　基本选择器命名规则

在基本选择器中，标签选择器不需要专门命名，但 ID 选择器或类选择器需要命名，规则如下。

- 使用英文字母 A ～ Z、a ～ z 或下画线开头，后面跟数字、英文字母、下画线。
- 不支持汉字或中文字符。
- 尽量做到看见名字就知道其功能。
- 不能是标签名。

例如，".b1""._myfont""#a_b_c_123"这 3 个选择器名称是正确的，而".123""#a"".p"这 3 个选择器名称是错误的。

除了上面的规则，建议全部使用小写字母，尽量不使用单个字母，不要使用与广告相关的英文单词（防止被浏览器当成垃圾广告过滤掉），如 ad、adv、advertising 等。

值得了解的是，在实际应用中，经常使用"-"代替"_"作为连接符号。同时，许多中文网站使用拼音来命名选择器。

4.2　颜色模型

在网页中，常常需要设置颜色，因此下面介绍基本的颜色模型。颜色模型是指某个三维颜色空间中的一个可见光子集，其包含某个色彩域的所有色彩。常见的颜色模型主要有 RGB、CMYK。

1. RGB 颜色模型

RGB 颜色模型是以三原色互相叠加来实现混色的方法，通过红（Red）、绿（Green）、蓝（Blue）三原色颜色通道的变化，以及它们相互之间的叠加，得到各式各样的颜色。在以等量的红、绿、蓝原色进行混合时，如果以三原色中的两种原色（注意不是颜料）进行等比例混合，则得到的结果是品红、黄、青 3 种颜色。RGB 颜色模型如图 4-2 所示。RGB 颜色模型所覆盖的色彩域取决于显示设备荧光点的颜色特性，与硬件相关，各个原色混合在一起可以产生复合色，这种颜色模型使用得最多，大家也最熟悉。

Web 前端开发必知必会

- 红＋绿＝黄。
- 红＋蓝＝品红。
- 绿＋蓝＝青。
- 红＋绿＋蓝＝白。
- 三种原色光全无＝黑。

2. CMYK 颜色模型

CMYK 颜色模型是一种应用相减原理的色彩系统，其颜色来源于反射光线，当所有的颜色叠加在一起时会产生黑，当没有任何颜色叠加时为白。CMYK 颜色模型包括青（Cyan）、品红（Magenta）、黄（Yellow）和黑（Black），为避免与 Blue 混淆，黑色用 K 表示。

RGB 颜色模型是一种色光混合的加色模型，适用于电子屏幕的显示；CMYK 颜色模型为减色模型，适用于颜料绘画，印刷等。

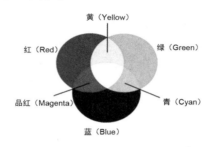

◎ 图 4-2　RGB 颜色模型

3. 网页中的颜色

在制作网页时，特别是在 CSS 样式中，颜色是最常用的属性之一。网页的颜色采用的是 RGB 颜色模型，三原色可用十六进制数字来表示，也可以使用 0～255 的十进制数字来表示，具体取值方法如表 4-1 所示。

表 4–1　网页中颜色的取值方法

方法	取值举例	说明	实例

方法 1	#FFFF00	传统方法，使用十六进制颜色值，即 "#" 后跟 3 位或 6 位十六进制数字	.redness{
			　　color: #FE0208;
			/* 红、绿、蓝三原色分量值的十六进制数字分别为 FE、02、08 */
			　　background-color: #EEE;
			/* 红、绿、蓝三原色分量值的简写，相当于 #EEEEEE */
			}

方法 2	rgb(255,255,0)	使用 rgb() 参数，分别为红、绿、蓝三原色的分量值（0～255），无透明度	.redness{
			　　color: rgb(254,2,8);
			/* 红、绿、蓝三原色的分量值（0～255）在 rgb 的参数中 */
			　　background-color: rgb(238, 238, 238);
			/* 红、绿、蓝三原色的分量值均为 238*/
			}

续表

方法	取值举例	说明	实例

方法 3	rgba(255,255,0,1)	使用 rgba() 参数，分别为红、绿、蓝三原色的分量值（0～255），以及设置透明度的 Alpha 值	.redness{
			color: rgba(254,2,8,1);
			/* 这 4 个参数分别为红、绿、蓝的分量值和透明度 */
			background-color:rgba(238, 238, 238,1);
			/* 红、绿、蓝三原色的分量值均为 238，并且完全不透明 */
			}

其中，方法 1 是传统方法，以"#"开头，后跟 3 位或 6 位十六进制颜色值。在实际应用中，使用传统方法添加颜色不够灵活，无法从数据中获取颜色，并且如果要设置透明度，需要额外添加 opacity 属性。

现在通常使用 CSS3 中的方法，即采用 rgb()、rgba() 参数方式设置颜色的 3 个分量值和透明度。

4. Alpha 值

Alpha 通道是计算机图形学中的术语，用于将透明度应用于 RGB 颜色模型。它作为一个特殊的图层，在颜色中附加了透明度信息，并以 Alpha 值表示。在 CSS3 中，我们只需在颜色参数中增加一个 Alpha 值，而无须专门设置透明度属性。rgba(r,g,b,a) 中的第 4 个参数 a 代表透明度，即 Alpha 值，取值范围为 0～1。当值为 1 时，表示完全不透明；当值为 0 时，表示完全透明。例如：

```
color: rgba(254, 2, 8, 0.5);    /* 透明度为 0.5*/
```

【拓展知识】

知识 1：HSL 颜色模型。

HSL 颜色模型是表示色彩的另一种方法，基于一个 360° 的色轮，具有 3 个属性，分别为色调（Hue）、饱和度（Saturation，也被称为 Chroma）、亮度（Lightness），如图 4-3 所示。例如：

```
color:hsl(90,50%,60%);    /*(H 色调，S 饱和度 %，L 亮度 %)*/
```

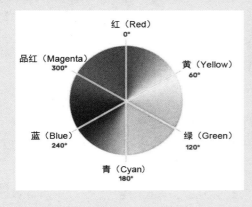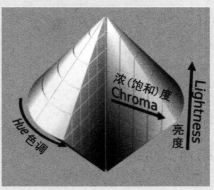

◎ 图 4-3　HSL 颜色模型

CSS3 支持 HSL 颜色模型，使用 HSL 参数法设置颜色的好处是，只要记住色轮中不同角度对应的颜色就可以估计出颜色，不借助颜色选取器同样可以定义需要的颜色。例如，一般人很难说出 RGB（255,51,204）是什么颜色，但如果用 HSL 值（如 HSL(315,100%,60%)），通过 HSL 色轮，就能大概猜出这是介于红色、品红色的颜色。

知识 2：使用 hsla() 设置颜色透明度。

同样地，HSL 颜色模型也可以添加 Alpha 值，设置颜色透明度。例如：

hsla(315,100%,60%,0.5)

4.3 设置网页的文本颜色与背景颜色

网页中经常需要设置文本颜色、背景颜色、背景图像等，这也是网页制作的基本要求。读者通过学习以下几种方法，可以掌握设置网页的文本颜色与背景颜色的基本方法。

4.3.1 设置文本颜色

设置文本颜色的方法如下。

方法 1：使用行内式 CSS 样式的 style 属性。例如：

```
<h3  style="color: red;"> heading 3 here </h3>
```

需要注意的是，此处相当于使用 style="color: #FF0000;" 或 style= "color: rgb(255,0,0);"。

方法 2：使用 CSS 选择器。首先，在头部 <style> 标签中定义一个类。例如：

```
.myred{ color: red;}
```

然后，在网页元素中使用这个类。例如：

```
<h3  class="myred"> heading 3 here </h3>
```

如果需要设置部分文本为该颜色，则可以使用 <span> 标签。例如：

```
<p > 段落的 <span class="myred"> 部分文本 </span> 在这里 </h3>
```

方法 3：使用 <font> 标签。这是过时的方法，现在该标签已经被淘汰，不再使用了。

```
<h3> <font color="red"> heading 3 here <font> </h3> <!-- 过时的方法 -->
```

4.3.2 设置背景颜色

设置背景颜色的方法类似于设置文本颜色的方法。

方法 1：使用标签的 style 属性，即行内式 CSS 样式（其中颜色设置可以使用前述几种方法中的任何一种）。例如：

```
<body style="background-color: rgb(238,238,238,1);">
```

```
    body here
</body>
```

方法 2：使用 CSS 选择器。首先，在头部 <style> 标签中定义一个类。例如：

```
.mybg{ background-color: rgb(238,238,238,1);}
```

然后，在网页元素中使用这个类。例如：

```
<body class="mybg"> body here </body>
```

方法 3：使用 bgcolor 属性。这也是过时的方法，现在已经不使用，并且只能使用十六进制颜色值，不支持使用 rgb() 或 rgba()。

```
<body bgcolor= "#EEEEEE"> body here </body>
```

4.3.3　使用拾色器

使用拾色器是一个常见、便捷的方法。在 HBuilderX 环境下，在关于颜色设置的代码中，先随机给定一个颜色值，将鼠标指针悬停在该处，按 "Alt" 键，同时单击，即可弹出如图 4-4 所示的拾色器对话框。图 4-4 中的取色为正红色，可以看到所取颜色的 RGB 值，也能看到对应的色调、饱和度、亮度，以及 Alpha 通道——透明度。

单击 "拾取屏幕颜色" 按钮，可以选取屏幕上任意位置的颜色，便于设计。

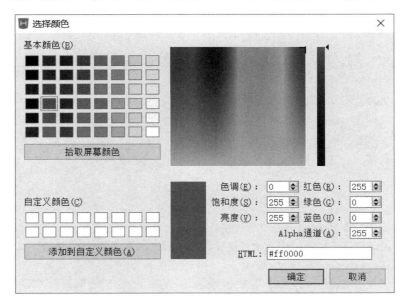

◎ 图 4-4　拾色器对话框

4.3.4　设置背景图像

设置背景图像的方法有以下 3 种。

方法 1：如 2.4.2 节所述，直接在标签后面添加 background 属性。这是传统的方法，缺点是完全平铺背景图像，无法选择填充方式，因此已经基本被摒弃。例如：

```
<body background=" 路径 / 图像文件 ">
```

方法 2：使用标签中的 style 属性添加 CSS 样式属性。例如：

```
<!-- 在 X 方向上进行填充，默认为完全填充 -->
<body style=" background-image: url( 路径 / 图像文件 ) ;background-repeat: repeat-x; ">
```

方法 3：使用 CSS 选择器，如在 <head> 标签中使用 <style> 标签，并在其内部通过 body 标签选择器定义 CSS 属性。例如：

```
<style>
  body{/* 标签选择器 */
    background-image: " 路径 / 图像文件 ";
    /* 在 X 方向上进行填充，其他选项为 no-repeat、repeat-y，默认为完全填充 */
    background-repeat: repeat-x;
  }
<style>
```

【拓展知识】

知识 1：在 CSS 样式中使用 rgba() 参数和 opacity 属性设置透明度的区别。

例如：

```
<head>
<style>
    .div1{
        background-color:rgba(255,0,0,0.3);  /*Alpha 值为 0.3*/
    }
            .div2{
                background-color:rgb(255,0,0);
                opacity:0.3;    /*opacity 属性值为 0.3*/
            }
</style>
</head>
<body>
<div class="div1"> 设置 rgba() 参数中的 Alpha 值，只针对背景颜色，不针对文本 </div>
    <div class="div2"> 使用 opacity 属性将作用于整个 div 元素，会影响背景颜色及文本 </div>
</body>
```

在上面代码中分别使用 rgba() 参数和 opacity 属性设置了透明度。需要注意的是，使用 background-color 属性设置的透明度不会影响文本，而使用 opacity 属性设置透明度时，div 元素内的文本会变为透明的。

知识 2：CSS3 中 filter 属性的使用。

filter 属性通常用于图像元素的模糊与饱和度等可视效果，如高斯模糊、亮度、灰度、反转等。例如：

```
filter: blur(5px); /* 高斯模糊 */
```

```
filter: brightness(200%);/* 亮度 */
filter: contrast(200%);/* 对比度 */
filter: drop-shadow(8px 8px 10px red); /* 阴影效果 */
filter: grayscale(50%);/* 转换为灰度图像 */
filter: invert(100%);/* 反转输入图像 */
filter: opacity(30%);/* 转换图像透明度 */
```

有以下代码，在单击按钮后，彩色图像会变为灰色。

```
<body>
    <p> 单击按钮修改图像的颜色为黑白（100% 灰度）。</p>
    <button onclick="myFunction()"> 单击按钮 </button><br>
    <img id="myImg" src="tiger.jpg" alt="Tiger" width="200" height="300">
    <p><strong> 注意：</strong> IE 或 Firefox 浏览器不支持该属性。</p>
    <script>
        function myFunction() {
            document.getElementById("myImg").style.WebkitFilter="grayscale(100%)";
        }
    </script>
</body>
```

4.4　每课小练

扫一扫

CSS 初识网页

扫一扫

CSS 初识网页的 div 居中

4.4.1　练一练：标签选择器练习

【练习目的】

- 学习使用标签选择器。
- 学习使用基本的 CSS 样式属性。
- 进一步掌握 <h1>、<h2>、<ol>、<li>、<p> 等文本标签的使用方法。

【练习要求】

网页可以应用于实际工作和生活，利用 <h1> ～ <h6> 标签及 <p> 标签，可以完成具有多级标题的文章，如制作实验报告网页，如图 4-5 所示。在添加了网页元素及文本后，添加相应的 CSS 样式代码，设置网页元素的样式，要求如下。

- 设置网页背景颜色。
- 设置一级标题的背景颜色。
- 设置二级标题的字体与颜色。
- 设置有序列表的字体大小与行高。

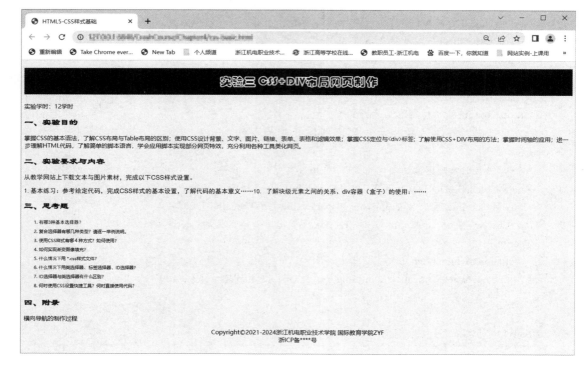

◎ 图 4-5　实验报告网页

完整代码如下。

```
<!doctype html>
<html>
<head>
  <meta charset="utf-8">
  <title>HTML5-CSS 样式基础 </title>
  <style type="text/css">
    body{
      background-color: aliceblue;  /* 网页背景颜色 */
    }
    h1{  /* 一级标题 */
      color: #FFFFFF;
      text-align: center;  /* 文本居中 */
      font-family: " 华文彩云 ";  /* 字体样式 */
      background-color:#119;  /* 背景颜色 */
      padding: 20px;  /* 内边距 */
    }
    h2{
      font-family: " 隶书 ";
      font-weight: bolder;
      color: #006;  /* 字体颜色 */
    }
```

```
        li{
            font-size: 12px; /* 字体大小 */
            line-height: 25px; /* 行高 */
        }
        /*.wrapper{ // 使用外部容器包含整个网页文本
            max-width: 1024px;
            margin: 0px auto;
            padding:10px;
            background-color: aliceblue;
        }*/
        header, footer{ /* 两个标签共同使用下面的代码 */
            text-align: center;
        }
    </style>
</head>
<body>
    <header><h1> 实验三 CSS+DIV 布局网页制作 </h1></header>
    <div class="wrapper">
        <p> 实验学时：12 学时 </p>
        <h2> 一、实验目的 </h2>
        <p> 掌握 CSS 的基本语法，了解 CSS 布局与 Table 布局的区别；使用 CSS 设计背景、文字、图像、链
接、表单、表格和滤镜效果；掌握 CSS 定位与 <div> 标签；了解使用 CSS+DIV 布局的方法；掌握时间轴的
应用；进一步理解 HTML 代码，了解简单的脚本语言，学会应用脚本实现部分网页特效，充分利用各种工
具美化网页。</p>
        <h2> 二、实验要求与内容 </h2>
        <p> 从教学网站上下载文本与图片素材，完成以下 CSS 样式设置。</p>
        <p>1. 基本练习：参考给定代码，完成 CSS 样式的基本设置，了解代码的基本意义 …… 10.了解块
级元素之间的关系、div 容器（盒子）的使用 …… </p>
        <h2> 三、思考题 </h2>
        <ol>
            <li> 有哪 3 种基本选择器？ </li>
            <li> 复合选择器有哪几种类型？请逐一举例说明。 </li>
            <li> 使用 CSS 样式有哪 4 种方式？如何使用？ </li>
            <li> 如何实现渐变图像填充？ </li>
            <li> 什么情况下使用 *.css 样式文件？ </li>
            <li> 什么情况下使用类选择器、标签选择器、ID 选择器？ </li>
            <li> ID 选择器与类选择器有什么区别？ </li>
            <li> 何时使用 CSS 设置快捷工具？何时直接使用代码？ </li>
        </ol>
        <h2> 四、附录 </h2>
        <p> 横向导航的制作过程 </p>
    </div> <!--end of wrapper-->
    <footer>Copyright&copy;2021-2024 浙江机电职业技术学院 国际教育学院 ZYF
        <br>
```

```
          浙 ICP 备 **** 号
      </footer>
  </body>
</html>
```

使用标签选择器的好处是快捷高效，实际上此处也可以使用其他类型的选择器（如类选择器等）来达到完全相同的样式效果，请读者自行灵活应用。

学习了前面的基础知识以后，下面制作基本网页模板。

4.4.2　练一练：制作基本网页模板

【练习目的】

• 进一步熟悉 HTML5 文件类型基本结构标签。

• 初步掌握标签选择器、类选择器、ID 选择器的定义与使用方法。

• 掌握 <header>、<footer> 等语义化结构标签的使用方法。

【思政天地】探索创新，举一反三

读者在浏览网站时，有时会看到一些没有学习过的内容，一种做法是跳过这部分内容，不理它（如在英语阅读时跳过不认识的单词），另一种做法是通过探索展开研究性学习，以解决问题。例如，一般教材不会介绍如何在网页的标题（title）中显示图标 Logo。我们自己提出问题，自己寻找解决问题的方法，如浏览网页源代码并分析有关代码，从中找到答案，通过举一反三地思考，追求探索创新精神。

【练习要求】

制作一个基本网页模板，如图 4-6 所示。请注意标注自己的版权信息，基本要求如下。

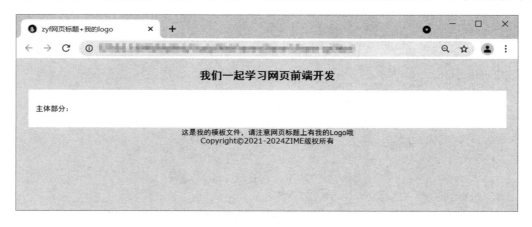

◎ 图 4-6　基本网页模板

（1）使用 <header>、<footer> 等基本的常用语义化结构标签。

（2）使用 CSS 样式为 <body> 标签添加背景颜色。

（3）设置有效页面的固定宽度，并居中显示。

（4）（探索学习）在网页的标题中显示图标 Logo。

基本做法说明如下。

（1）在空白网页中，先使用 <div> 标签生成一个 div 框，并将网页主体内容放在此 div 框中，再使用 CSS 样式将该 div 框居中。具体方法是先定义一个类，这里类名为 mainbox，再在网页代码中使用这个类：

```
<div class="mainbox">div 框内的全部内容 </div>
```

（2）保存该网页作为备用，如可以将该文件保存，以便后续在制作"扑克牌"网页时使用。

（3）自行准备好一个 gif 或 ico 文件，在网页标题中显示个人图标 Logo。此处请读者自行研究探索，其详解参见 6.3 节中的【拓展知识】部分。

参考代码如下。

```
<!doctype html>
<html>
<head>
  <meta charset="utf-8">
  <title>zyf 网页标题 + 我的 Logo</title>
  <!-- 研究探索实现显示个人图标 Logo-->
  <style>  /* CSS 样式代码 */
    body{
      font-family: Verdana, Geneva, sans-serif," 黑体 ";
      background-color:rgb(228,237,228);  /* 淡绿色背景 */
    }
    header,footer{text-align:center;}  /* 头部、尾部文本居中 */
    .mainbox{  /* 定义类选择器 */
      margin:auto;  /* 自动调整左、右外边距 */
      max-width:1000px;  /* 最大页面宽度 */
      background-color:rgb(255,255,255);  /* 白色背景 */
      padding:1em;  /* 内边距为 1 个元素大小 */
    }
  </style>
</head>
<body>
  <header>
    <h2> 我们一起学习网页前端开发 </h2>
  </header>
  <div class="mainbox">  <!-- 使用类选择器 -->
    <p> 主体部分： </p>
  </div>
  <footer> 这是我的模板文件，请注意网页标题上有我的 Logo 哦 <br>
    Copyright&copy;2021-2024ZIME 版权所有 </footer>
</body>
</html>
```

4.4.3　学以致用：使用 float 属性水平排列扑克牌

【练习目的】

- 学习使用站点的模板网页文件，方便作为备用。
- 熟悉 HTML5 文件类型基本结构标签。
- （探索学习）熟悉 <meta> 标签的含义与使用方法。

【练习要求】

利用 div 元素，设计 4 张扑克牌，并且让它们水平排列，如图 4-7 所示。

◎ 图 4-7　水平排列的扑克牌

网页元素代码如下。

```
<div id="heart"> 红桃
<span class="big">A</span></div>
<div id="club"> 草花
<span class="big">K</span></div>
<div id="diamond"> 方块
<span class="big">Q</span></div>
<div id="spade"> 黑桃
<span class="big">J</span></div>
```

当未使用 float 属性时，4 张扑克牌各自占用横向空间，而使用 float 属性后，4 张扑克牌就可以水平排列了。其中，红桃 A 的 CSS 样式关键代码如下。

```
<style>
#heart { /* 红桃 */
        color: #F00;
        height: 200px;
        width: 155px;
        float: left;
        margin: 10px;
        padding: 10pxt;
        background-color: #FFF;
        background-image: url(poker/heart.jpg);
        background-repeat: no-repeat;
```

```
}
.big{ font-size:150px;} /* 用于放大字体 */
</style>
```

结合 4.4.2 节中的内容，将扑克牌放在一个框架中，并设置相应的 CSS 样式，即可完成如图 4-8 所示的扑克牌网页。

◎ 图 4-8　具有 CSS 样式的水平排列的扑克牌网页

完整的参考代码如下。

```
<!doctype html>
<html>
<head>
  <meta charset="utf-8">
  <title>poker</title>
  <meta name="viewport" content="width=device-width, initial-scale=1.0">
  <link rel="shortcut icon"  href="poker/heart.jpg" type="image/x-icon">
  <style>  /* CSS style*/
    body{
      text-align:center; background-color:#EEEEEE;}
    footer{  text-align:center;}
    #heart {  /* 红桃 */
      …… /* 同前，此处略去 */
      transition: all 1s ease-in; /* 设置 CSS3 过渡效果 */
    }
    #heart:hover{ /* 当鼠标指针悬停在扑克牌上方时，扑克牌向右上方移动 */
      transform: translate(50px,-50px);
    }
    #club {  /* 草花 */
      color:#036;
      height: 200px;
      width: 155px;
      float:left;
      margin:10px;
```

```
        padding:10px;
        background-color:#FFF;
        background-image:url(poker/club.jpg);
        background-repeat:no-repeat;
    }
#spade{  /* 黑桃 */
        color:#036;
        height: 200px;
        width: 155px;
        float:left;
        margin:10px;
        padding:10px;
        background-color:#FFF;
        background-image:url(poker/spade.jpg);
        background-repeat:no-repeat;
        transition: all 1s ease-in;
    }
#spade:hover{  /* 旋转 30 度 */
        transform: rotate(-30deg);
    }
#diamond{  /* 方块 */
        color: #F00;
        height: 200px;
        width: 155px;
        margin:10px;
        padding:10px;
        background-color:#FFF;
        float:left;
        background-image:url(poker/diamond.jpg);
        background-repeat:no-repeat;
        transition: all 1s ease-in;
    }
#diamond:hover{  /* 当鼠标指针悬停在扑克牌上方时，将扑克牌放大 1.5 倍，并旋转 360 度 */
transform: scale(1.5) rotate(360deg);}
.mainbox{
        background-color:#b2fbdd;
        width:800px;
        margin:0px auto;
        overflow:hidden;  /* 保证自身内容高度 */
    }
.mainbox div {  /* 对父元素 mainbox 中的 div 元素添加阴影、圆角效果 */
        box-shadow:#333 5px 5px 5px;
        border-radius:10px;
    }
```

```
      .big{font-size:150px;}
      .down{
        font-size:25px; color:#363;
        background-color:#EEE; margin:5px;
        clear:both;}
      .clr{clear:both;}
    </style>
  </head>

  <body>
    <header>
      <h2>
      <!--place head contents here, such as a company name or logo-->
        我们一起玩扑克牌！
      </h2>
    </header>
    <nav>
      <!--place webpage links in this area-->
    </nav>
    <main>
      <!--place the main webpage contents within this area-->
      <div class="mainbox">
        <p> 此处容器的 class 为 "mainbox" </p>
        <p> </p>
        <div  id="heart"> 红桃 <span class="big">A</span></div>
        <div  id="club"> 草花 <span class="big">K</span></div>
        <div  id="diamond"> 方块 <span class="big">Q</span></div>
        <div  id="spade"> 黑桃 <span class="big">J</span></div>
      </div>
    </main>
    <footer>
      <p> 版权所有 &copy;2021—2024 国际教育学院 </p>
    </footer>
  </body>
</html>
```

　　从上述代码中可以看出，#club 草花扑克牌未设置过渡效果，虽然 CSS 样式中定义了 .down 与 .clr 这两个类，但是 HTML 代码中并未使用它们。

　　需要注意的是，这里使用 float 属性让 4 个 div 元素并排，但是会影响 div 元素后面的网页元素的位置，需要做进一步处理（这里使用了父元素 mainbox 的 overflow:hidden; 才没有影响页面效果），但实际上更常用的是 clear 属性，这将涉及 HTML5 的基本框架及布局，详见第 6 课、第 7 课。

> **【拓展知识】**
>
> 　　扑克牌通常有一定的圆角，可以借助 CSS 样式来设置其圆角半径。实际上，CSS3 中增加了许多美化网页元素的方法，具体如下。
>
> 　　知识 1：盒子阴影与圆角半径。
>
> 　　通过 box-shadow 属性设置阴影，通过 border-radius 属性设置圆角半径。例如：
>
> box-shadow:#333 5px 5px 5px;
>
> border-radius:10px;
>
> 　　知识 2：变形与过渡。
>
> 　　CSS3 中的变形（transform）属性有很多属性选项，如 rotate（旋转）、translate（位移）、scale（缩放）等，以及过渡（transition）等功能。
>
> ```
> #diamond{
>     ……
>     transition: all 1s ease-in; /* 过渡 */
> }
> #diamond:hover{
>     transform: scale(1.5) rotate(360deg); /* 多重变形：放大 1.5 倍并旋转 360 度 */
> }
> ```
>
> 　　知识 3：使用 overflow:hidden; 保证容器的高度。
>
> 　　当子项使用了 float 属性后，如果容器中没有其他内容，并且没有设置高度，则该容器是收缩不可见的，而使用 overflow 属性能让容器保证其内部子项的高度，并且是可见的，方法如下。
>
> ```
> .mainbox{
>     ……
>     overflow:hidden; /* 保证自身内容高度 */
> }
> ```

4.4.4　常见问题 Q&A

（1）为什么我的扑克牌排列得非常乱？怎么保证其正确排列？

答：①检查 4 个"<div>(扑克花色)</div>"代码与位置关系是否正确，注意结束标签的位置，保证 4 个 div 元素是并列关系，而不是包含关系；②检查代码中是否正确应用了 float 属性；③将扑克牌中最先使用 float:right; 的扑克牌放置在最右边。

（2）为什么我明明添加了 :hover 代码，但是没有显示鼠标指针悬停时的效果？

答：①检查代码，如 #heart:hover 的":"前后不能有空格；②检查 transform 变形属性后面的多重变形效果之间是否用空格隔开。

4.5　理论习题

一、选择题

1.（　　）是规范的选择器名称。

　　A．#12x　　　　　　B．myfont　　　　　C．.img　　　　D．body

2.网页设计中的 CSS 指的是（　　）。

　　A．Cascading Style Sheets　　　　　　B．Computer Style Sheets

　　C．Creative Style Sheets　　　　　　　D．Colorful Style Sheets

3.（　　）不属于设置文本字体样式的属性。

　　A．color　　　　　　B．font-size　　　　C．float　　　　D．font-weight

4.在以下 CSS 属性中，（　　）将文本设置为红色是错误的。

　　A．color: rgb(255,0,0);　　　　　　　B．color: rgba(255,0,0,1);

　　C．color: #FF0000;　　　　　　　　　D．color: #RED;

5.在使用 CSS 样式填充图像时，默认的填充方式为（　　）。

　　A．no-repeat　　　B．repeat　　　　　C．repeat-x　　　D．repeat-y

6.（　　）CSS 样式无法实现一个段落的首字下沉。

　　A．span.first{ font-size:60px; float:left;}

　　B．p.first{ font-size:60px; float:left;}

　　C．.first{ font-size:60px; float:left;}

　　D．#first{ font-size:60px; float:left;}

7.在以下 CSS 设置中，（　　）将所有段落文本设置为红色是正确的。

　　A．p{ font-color：#FF0000;}　　　　　B．p { color：#F00;}

　　C．p.color=#FF0000;　　　　　　　　 D．p {color=RED;}

8.（　　）组选择器的命名是规范的。

　　A．

```
#123{ }
.My_font{ }
body{ }
```

　　B．

```
#wrapper{ }
.a_b_c{ }
img.pic1{ }
```

　　C．

```
.a{ }
```

```
.b{ }
.c{ }
```

      D.

```
#p1{ }
.p2{ }
.h3{ }
```

9. 使用（　　）添加边框线的做法可能会出现问题。

    A．border: dashed 2px rgb(100, 100, 100);

    B．border-left: #333 solid 50px;

    C．border-color: rgba(255,0,0,1);

    D．border-left-color: #333300;

       border-left-style: solid;

       border-left-width: 5px;

10.（　　）无法实现设置上、下、左、右内边距均为 20px。

    A．margin: 20px;

    B．padding: 20px;

    C．padding: 20px 20px;

    D．padding: 20px 20px 20px 20px;

11. 在以下关于 CSS 的说法中，（　　）是错误的。

    A．CSS 层叠样式表是一种网页制作技术，也是网页设计必不可少的工具 / 技术之一

    B．CSS 一般由选择符、样式属性和值组成

    C．在 CSS 设置中，无论哪种类型的选择器，只要定义了 CSS 选择器，就必须显式引用该选择器，否则网页会没有效果

    D．随着 CSS 的发展，许多网页动态效果可以用 CSS3 中的过渡、动画等属性来实现

12. 在以下关于 CSS 样式的说法中，（　　）是错误的。

    A．CSS 样式的定义可以在 HTML 文件的 <head> 与 </head> 标签之间，也可以采用 <link> 标签外部链接方式

    B．运行以下代码，网页将显示粉红色背景

```
......
<style type="text/css">
body { background-color: pink; }
</style >
</head>
<body style= "background-color: #CCC; ">
My background color is ?
</body>
......
```

C．在选项 B 的代码中，CSS 样式没有使用外部 CSS 文件，而是分别使用了内嵌式、行内式

　　D．CSS 既可以定义网页元素的颜色、大小等样式，又可以用于网页的布局

二、思考题

1．当使用内嵌式 CSS 样式时，在 <head> 标签中用于设置 CSS 样式的标签名称是什么？

2．有哪 3 种基本选择器？

3．ID 选择器与类选择器有什么不同？

4．为什么在定义标签选择器后，不需要引用就可以产生效果？

5．如何使用选择器实现渐变（渐变图像或 CSS3 渐变颜色）填充？

6．有哪 4 种使用 CSS 样式的方式？如何使用？

7．什么情况下使用外部 CSS 样式文件？

第 5 课　复合选择器与网页导航菜单

【学习要点】

- 复合选择器的类型与应用。
- 超链接的样式设置。
- 导航菜单的设计与制作。

【学习预期成果】

　　了解并掌握正确使用复合选择器，通过后代选择器、伪类选择器等设置超链接样式，设计并制作网页的横向导航项。

　　目前为止，CSS 样式已经发展到 CSS3，其选择器的类型十分丰富，结合不同的符号可以组成不同功能的复合选择器（如 > 子元素选择器、+ 毗邻兄弟选择器）。使用：伪类选择器（超链接）结合后代选择器，可以设计并制作横向导航菜单等。

扫一扫

复合选择器

5.1　什么是复合选择器

5.1.1　复合选择器的种类

复合选择器包括新增的 CSS3 选择器，指的是多个基本选择器的组合，使用不同的符号作为连接符号，如逗号、冒号、波浪号、加号、方括号、空格等。需要注意的是，这些符号均为英文符号。使用不同符号组成的选择器具有不同含义，如表 5-1 所示。

表 5-1　使用不同符号组成的选择器

英文符号	含义	举例	作用
,	成组（多元素）选择器	header, footer, h1{}	表示二者共用代码
空格	后代选择器	.leftbar img{} nav ul li{}	匹配所有属于 A 元素后代的 B 元素
:	伪类选择器	a:link{} a:visited{} tr:hover{} #spade:hover{}	超链接的几种状态； 鼠标指针悬停时的效果
	结构化伪类选择器	E:nth-child(n) {} E:nth-last-child(n) {} E:nth-of-type(n) {} E:nth-last-child(n) {}	父元素的第 n 个子元素，并且标签类型为 E； 指父元素的第 n 个标签类型为 E 的子元素； n 可以是整数，表示第几个，也可以是 odd 或 even，表示奇数个或偶数个
	伪元素选择器	::first-line{} ::after{}	使用两个冒号与伪类选择器进行区分（旧时都使用一个冒号来表示）
>	子元素选择器	ul>li{}	只有直接后代才有效，不包括孙子辈的后代
+	毗邻兄弟选择器	h2+p{} li+li{}	匹配紧随的同级元素
~	同级兄弟选择器	h2~p{}	匹配之后的全部同级元素
[]	属性选择器	input[type="button"] {} img[alt*="flower"] {}	匹配标签中属性值对应于某个字符串的元素，匹配方式包括 [attr]/ [attr=value]/[attr^=value]/[attr$=value]/[attr*=value]

其中，结构化伪类选择器、伪元素选择器、毗邻兄弟选择器、属性选择器等均是新增的CSS3 选择器。

另外，标签选择器结合类选择器或 ID 选择器可以形成交集选择器，用来限制选择器的作用范围，不过这种方式目前已经不经常使用，举例如下。

- p.title{ 属性设置 }。

该 title 类只在段落中有效，即只能用于 p 元素，用法为 <p class="title">。

- div#div1{ 属性设置 }。

id 名为 div1 的只能用在 div 元素中，用法与上面的相似，具体为 <div id="div1">。

5.1.2　后代选择器与子元素选择器的区别

例如，有以下网页代码：

```
<h1>This is <strong>very</strong> important.</h1>
<h1>This is <em>really <strong>very</strong> </em> important.</h1>
<h1>This is <strong><em>very</em> </strong> important.</h1>
```

设置：

```
h1 strong {color:red;} /* strong 是 h1 的后代 */
```

后代选择器使用空格作为间隔，表示选择后一级的元素。相比于基本选择器，后代选择器的作用是限制 CSS 样式的作用范围，只有满足后代关系的元素才会应用样式设置。因此，<h1>标签后面的后代<strong>标签均有效。上述代码的显示结果如图 5-1（a）所示，其中"very"均为红色文字。

子元素选择器选择的是父元素的直接后代，将上述后代选择器改为子元素选择器的代码如下。

```
h1 > strong {color:red;}  /* 子元素选择器，strong 是 h1 的直接后代 */
```

显示结果如图 5-1（b）所示。因为在网页代码的第 2 行中，strong 是 h1 的孙子辈元素，不是 h1 的直接后代，所以"very"不为红色文字。

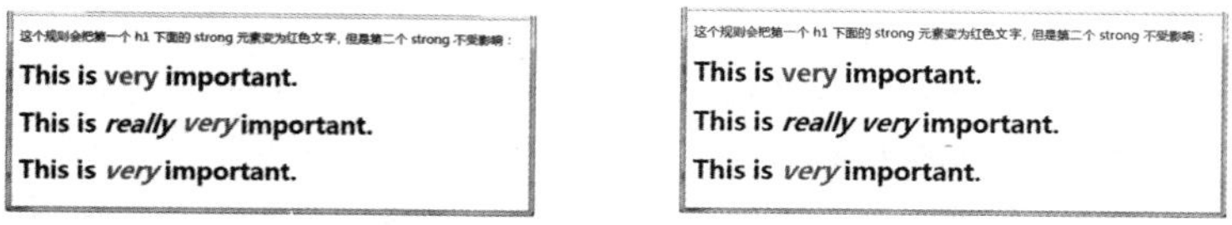

（a）后代选择器　　　　　　　　　（b）子元素选择器

◎ 图 5-1　后代选择器和子元素（直接后代）选择器

5.1.3　毗邻兄弟选择器与同级兄弟选择器的区别

以下代码的显示结果如图 5-2（a）所示。

```
h2 + p { background-color:#9F6;} /* h2 后面只有第一个段落有背景颜色 */
p+p {border-top: #F66 2px dashed;} /* 段落之间的虚线 */
```

将"+"改为"~"后，显示结果如图 5-2（b）所示。

```
h2 ~ p { background-color:#9F6;} /* h2 后面所有兄弟段落均有背景颜色 */
```

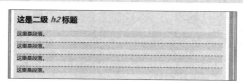

（a）毗邻兄弟选择器　　　　　　　　　（b）同级兄弟选择器

◎ 图 5-2　毗邻兄弟选择器和同级兄弟选择器

5.1.4　结构化伪类选择器与伪元素选择器

伪选择器（Pseudo Selectors）使用 ":" 为间隔符号,分为伪类选择器与伪元素选择器,最初包括 CSS1 中的超链接、鼠标指针悬停时的效果等,后来出现在 CSS3 结构化伪类中。例如:

```
E:nth-child(n){ }
E:nth-last-child(n){ }
```

表示选择属于 E 元素的父元素的第 n 个子元素,并且第 n 个子元素标签为 E。

```
E:nth-of-type(n){ }
E:nth-last-of-type{ }
```

表示选择属于 E 元素的父元素的第 n 个标签为 E 的子元素。

随着技术与标准的发展,在 CSS3 中,为了与伪类选择器进行区分,伪元素选择器改为使用两个冒号 ::,这种更改使得开发者更方便使用。伪元素选择器如下。

- ::after:可以在元素后添加内容。
- ::before:可以在元素前添加内容。
- ::first-letter:可以设置首字母的样式。
- ::first-line:可以设置首行的样式。

（1）结构化伪类选择器的应用实例。

以下网页元素代码在使用 CSS 样式代码后,显示结果如图 5-3 所示。

```
<body>
  <ul>
    <li> 这是第一个列表元素 1</li> <!-- 偶数项有背景颜色,奇数项没有背景颜色 -->
    <li> 这是第一个列表元素 2</li>
    <li> 这是第一个列表元素 3</li>
    <li> 这是第一个列表元素 4</li>
    <li> 这是第一个列表元素 5</li>
  </ul>
  <h1> 这是标题 1</h1>
  <p> 这是段落 1</p>
  <div>
  <!-- 由于将上方 div 作为父元素,因此可以使用 nth-child(n),否则可能会出现不可知的结果 -->
    <section> 红 </section>
    <section> 橙 </section>
    <section> 黄 </section>
    <section> 绿 </section>
    <section> 青 </section>
    <section> 蓝 </section>
    <section> 紫 </section>
  </div>
  <p> 这是段落 5</p>
</body>
```

CSS 样式代码如下。

```
<style>
  li:nth-child(even){background-color:#0CF;}  /* 对偶数项添加背景颜色 */
  section{width:13%;}
  section:nth-child(1){  /*7 个 section 中的第 1 个，有一个 div 作为其父元素 */
    background-color:#F00;}
  section:nth-of-type(2){ background-color:#F90;}
  section:nth-of-type(3){ background-color:#FF3;}
  section:nth-of-type(4){ background-color:#0F0;}
  section:nth-of-type(5){ background-color:#0FF;}
  section:nth-of-type(6){ background-color:#00F;}
  section:nth-of-type(7){ background-color:#F0F;}
  section{ display:inline-block; width:10%;}
</style>
```

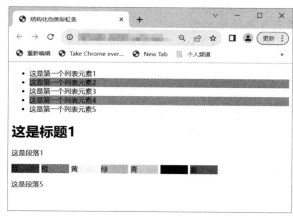

◎ 图 5-3　伪类选择器的应用

（2）伪元素选择器的应用实例。

图 5-4 所示为伪元素选择器的应用。以下网页元素代码在使用图 5-4 左图中的 CSS3 样式后，显示结果如图 5-4 右图所示。

◎ 图 5-4　伪元素的应用

```
<body>
    这是 body 的规定文字大小（14px）
    <p> 这是第一行文字 <br>
        这是第二行文字 <br>
        这是第三行文字 </p>
    <ul>
        <li> 项目列表 1</li>
        <li> 项目列表 2</li>
        <li> 项目列表 3</li>
    </ul>
</body>
```

关于伪选择器，此处不展开说明，感兴趣的读者可以参考其他相关资料。

5.1.5　导航菜单超链接使用的选择器

网页中的超链接十分常见，而设置超链接的样式是 CSS 必须实现的基本功能。在设置超链接时，通常需要定义全套（组）选择器，即不仅仅定义标签选择器 a，还需要设置 a 元素的链接时的样式、被访问后的样式、鼠标指针悬停时的样式等。例如：

```
a{ /* 超链接的基本样式，如清除默认的下画线，设置字体大小等 */
        text-decoration:none;
        font-size:18px;
}
a:link{ /* 链接时的样式，如链接时的文本颜色为深灰色 */
        color:#333;
}
a:visited{ /* 被访问后的样式，如被访问后的文本颜色为黑色 */
        color:#000;
}
a:hover{ /* 鼠标指针悬停时的样式，如鼠标指针悬停时的文本颜色为黄色 */
        color:#FF0;
}
a:active{ /* 激活时的样式 */
        /* 一般不需要设置 */
}
```

另外，因为通常在同一个网页中不同位置的超链接样式是不同的，所以需要用后代选择器来区分不同位置的超链接样式。如下 CSS 样式代码表示设置两个不同位置或状态下的超链接。

```
/* 设置通用超链接样式 */
a{ /* 超链接的基本样式 */
  text-decoration:none;
}
```

```
a:link, a:visited{ /* 链接时与被访问后的样式，二者共用一段代码 */
   color: #000;
}
a:hover { /* 鼠标指针悬停时的样式 */
   background-color:#FF0;
   color:#F00;
   text-decoration: underline;
}
/* 只在 #navi 内有效的超链接样式 */
#navi a{ /* 超链接的基本样式 */
   text-decoration:none;
}
#navi a:link, #navi a:visited{ /* 链接时与被访问后的样式 */
   color: #000;
}
#navi a:hover { /* 鼠标指针悬停时的样式 */
   background-color:#FF0;
   color:#F00;
   text-decoration: underline;
}
```

前者是通用的超链接样式，后者超链接样式只在 id 属性为 navi 的块级元素中有效。

5.2 无序列表导航菜单

在网页中，通常使用无序列表 <ul>、<li> 标签制作导航菜单，特别是在制作二级菜单时，非常方便和高效。常见的超链接样式一般分为两种：一种是只改变字体颜色，另一种是链接项呈现块级变化。

下面以制作横向导航菜单为例，介绍两种超链接样式。制作过程分为两步：第一步，只改变字体颜色，不设置背景颜色；第二步，在第一步的基础上设置超链接的背景块级变化，具体如下。

5.2.1 只改变字体颜色

（1）定义导航菜单的 CSS 样式，这里使用 <nav> 标签制作导航块，先定义 nav 标签选择器，再设置 nav 元素的 CSS 样式。

```
<style>
   nav {
      background-color:#FFD7FF;
      width: 700px;
      overflow: hidden; /* 保证自身内容高度 */
```

```
  }
</style>
```

（2）在 HTML 代码的 <body> 标签中添加 <nav>、<ul>、<li> 标签代码，具体如下，网页显示结果如图 5-5 所示。

```
<nav>
  <ul>
    <li> 首页 </li>
    <li> 心情日记 </li>
    <li> Free</li>
    <li> 一起走到 </li>
    <li> 从明天起 </li>
    <li> 纸飞机 </li>
    <li> 下一站 </li>
  </ul>
</nav>
```

◎ 图 5-5　添加标签代码后的网页

（3）在 CSS 文件中添加以下代码，清除项目符号与内、外边距，并将无序列表项 li 横向排列，网页显示结果如图 5-6 所示。

```
nav ul {
  list-style-type:none; /* 清除项目符号 */
  margin: 0px; /* 清除外边距 */
  padding: 0px; /* 清除内边距 */
}
nav ul li { /* 后代选择器，此处用 nav li nav ul li 代替，效果是一样的 */
  width: 100px; /* 指定链接项的宽度，可以用百分比 */
  float: left; /* 将无序列表项 li 横向排列 */
}
```

◎ 图 5-6　添加 CSS 代码后的网页

（4）在 HTML 代码的每个 <li> 标签中添加超链接：

```
<nav>
  <ul>
    <li><a href="#"> 首页 </a></li>
    <li><a href="#"> 心情日记 </a></li>
    <li><a href="#">Free</a></li>
    <li><a href="#"> 一起走到 </a></li>
    <li><a href="#"> 从明天起 </a></li>
```

网页显示结果如图 5-7 所示。此时，超链接的效果是默认的，即蓝色字体、具有下画线。

```
    <li><a href="#"> 纸飞机 </a></li>
    <li><a href="#"> 下一站 </a></li>
  </ul>
</nav>
```

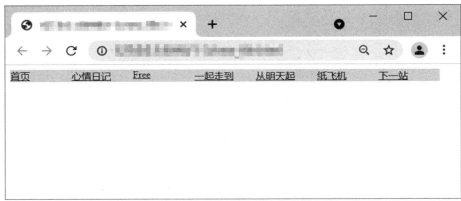

◎ 图 5-7　添加超链接后的网页

（5）设置超链接的 CSS 样式（注意：一定要定义全套超链接选择器），网页显示结果如图 5-8 所示。

```
/* 定义全套超链接选择器 */
nav li a {
    text-decoration: none;  /* 清除下画线 */
}
nav li a:link, nav li a:visited {
    color: #000;  /* 未被访问时与被访问后的字体颜色为黑色 */
}
nav li a:hover{
    color:#F00;  /* 当鼠标指针悬停时，字体颜色为红色 */
    text-decoration:underline;  /* 添加下画线 */
}
```

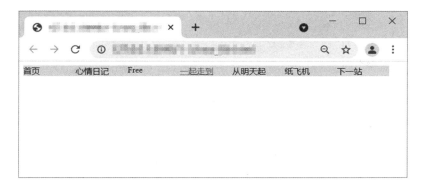

◎ 图 5-8 设置超链接的 CSS 样式后的网页

至此，第一种超链接样式完成。

5.2.2 设置链接项呈现块级变化

当需要实现如图 5-9 所示的块级背景超链接效果时，需要进一步处理样式，具体步骤如下。

◎ 图 5-9 横向导航菜单实例

（1）修改之前的链接时与被访问后的样式、鼠标指针悬停时的背景颜色，以及字体颜色，如当链接时显示深蓝色背景、浅灰色文字，当鼠标指针悬停时显示棕色背景、白色文字，网页显示结果如图 5-10 所示。

```
nav li a:link, nav li a:visited {/* 链接时与被访问后的样式 */
    background-color: #006; /* 深蓝色背景 */
    color:#EFEFEF; /* 浅灰色文字 */
}
nav li a:hover{/* 鼠标指针悬停时显示棕色背景、白色文字 */
    background-color:#825455;
    color:#FFF;
}
```

◎ 图 5-10 设置超链接背景颜色后的网页

（2）发现问题、分析原因并解决问题。

· 发现问题：有字的地方有背景颜色，没有字的地方没有背景颜色。

· 分析原因：因为超链接（<a> 标签）为行内元素，在行内元素中添加的背景颜色只在该元素范围内变化，所以需要将超链接改为块级显示。

· 解决问题：首先设置超链接（<a> 标签）改为块级显示，然后设置内边距（padding），最后将无序列表中的文本居中对齐。设置完成后，网页显示结果如图 5-11 所示。至此，第二种超链接样式完成。

```
nav li a {
    text-decoration: none;
    display:block;  /* 设置块级显示 */
    padding:10px; /* 设置内边距 */
}
nav ul li {
    width: 100px;
    float: left;
    text-align: center; /* 将无序列表中的文本居中对齐 */
}
```

◎ 图 5-11 设置超链接为块级显示后的网页

【拓展知识】

知识：查看网页元素的 CSS 样式。

用户通过浏览器的开发者工具，可以查看并调整网页中各个元素的 CSS 样式（见图 5-12）。以 Chrome 浏览器为例，做法如下。

（1）在网页中直接按"F12"键，或者右击，在弹出的快捷菜单中选择"检查"选项，或者点击浏览器搜索栏最右边的 ⋮ 按钮，弹出自定义及控制快捷菜单，选择"更多工具"→"开发者工具"选项，打开浏览器的开发者工具。此时，开发者工具显示在网页右侧。

（2）先单击左上角 ⤢ 按钮，激活网页元素选择功能，再单击网页中的元素，开发者工具中部的编辑框中会显示对应的 CSS 样式。

（3）将鼠标指针移动到在左边网页的某个网页元素上方，即可显示该元素的各种属性。

（4）在编辑框中，临时修改 CSS 样式代码，左边网页会显示修改后的结果。请读者注意，这种 CSS 样式的变化是临时的，不会对网页产生实质性影响。

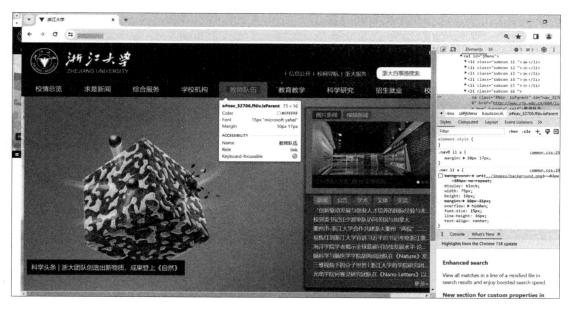

◎ 图 5-12　在浏览器的开发者工具中查看 CSS 样式

5.3　常见的 CSS1～CSS3 选择器

早期的 CSS 只有类选择器、ID 选择器、标签选择器等，目前 CSS 技术已经发展到第三代。现在所谓的 CSS3 选择器，实际上是指 Web 前端开发技术发展中的第三代选择器。

除了伪类选择器，CSS3 还有另一个优势，即开发者不需要使用 JavaScript 或 jQuery 特效，就能让网页展现更加炫酷的效果。例如，可以使用 CSS3 中的 transition 过渡属性、animation 动画属性，结合 transform 变形属性等，让网页元素动起来（见 4.4.3 节中的扑克牌网页）。

常用的 CSS1 ~ CSS3 选择器如表 5-2 所示，全部类型参见附录 D，具体用法可参见相关网站，这里不再赘述。

表 5-2 常用的 CSS1~CSS3 选择器

序号	选择器	示例	示例说明	CSS	备注
1	.class	.intro	选择所有 class="intro" 的元素	1	类选择器
2	#id	#firstname	选择所有 id="firstname" 的元素	1	ID 选择器
3	*	*	选择所有元素	2	通用选择器
4	element	p	选择所有 p 元素	1	标签选择器
5	element,element	div,p	选择所有 div 元素和 p 元素	1	成组选择器
6	element element	div p	选择 div 元素中的所有 p 元素	1	后代选择器
7	element>element	div>p	选择所有父级是 div 元素的 p 元素	2	直接子元素选择器
8	element+element	div+p	选择所有紧接着 div 元素之后的 p 元素	2	毗邻兄弟选择器
9	:link	a:link	选择所有未被访问的链接	1	链接
10	:visited	a:visited	选择所有被访问后的链接	1	已被访问
11	:hover	a:hover	选择当鼠标指针悬停在链接上方时的样式	1	鼠标指针悬停
12	::first-line	p::first-line	选择每个 p 元素的第一行	1	伪元素选择器
13	::before	p::before	在每个 p 元素之前插入内容	2	伪元素选择器
14	::after	p::after	在每个 p 元素之后插入内容	2	伪元素选择器
15	element1~element2	p~ul	选择 p 元素之后的每个 ul 元素	3	同级兄弟选择器
16	:nth-child(n)	p:nth-child(2)	选择每个父级中第 2 个子元素是 p 元素的元素	3	伪类选择器
17	:nth-of-type(n)	p:nth-of-type(2)	选择每个父级下的第 2 个 p 元素	3	伪类选择器

5.4 每课小练

5.4.1 练一练：后代选择器与横向导航菜单

【练习目的】

· 熟悉并掌握后代选择器的使用方法。
· 熟悉并掌握超链接样式的设置方法。
· 掌握横向导航菜单的制作方法。

【练习要求】

利用后代选择器，结合超链接样式，制作如图 5-13 所示的页面，具体要求如下。

（1）在两个不同的 div 元素中利用无序列表添加超链接，制作导航项。

（2）分别用不同的浅色背景填充两个 div 元素，并将其居中对齐。

（3）让第一个 div 元素中的超链接保持默认效果，将第二个 div 中的超链接设置为横向导航菜单，并居中对齐；将超链接文本颜色设置为浅色，背景颜色设置为深蓝色，当鼠标指针悬停时，背景颜色为橘黄色。

（4）自行设计并制作第一个 div 元素中的超链接样式，效果不限，但不能与第二个 div 元素中的相同。

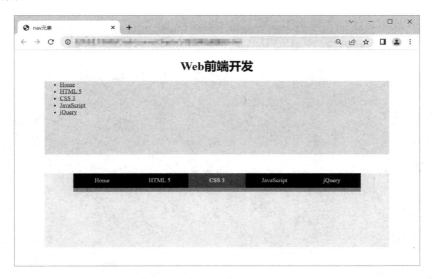

◎ 图 5-13　后代选择器与横向导航菜单网页

5.4.2　学以致用：复合选择器与太阳系网页

【练习目的】

• 进一步掌握 CSS 样式中基本选择器的应用。
• 熟悉并掌握复合选择器的使用方法。
• 进一步掌握锚记超链接的使用方法。
• 掌握 ::first-line 等伪元素选择器的应用。

【思政天地】科学的探索精神、想象力与抽象思维

通过对各种超链接进行样式设置，举一反三，训练抽象思维，丰富想象力；制作自己的太阳系网页，通过搜索关于宇宙的新发现、新技术（如探秘"中国天眼"，去"世界上看得最远的地方"一起看星星等）体会为实现中国式现代化、全面推进中华民族伟大复兴而努力奋斗的精神。

【练习要求】

太阳系网页如图 5-14 所示，要求如下。
（1）分析页面的特点，选择合适的标签，添加网页元素。
（2）利用 CSS 样式制作按钮式超链接，并且链接到对应行星的位置（锚记的应用）。
（3）使用 max-width 属性，使整个主体部分具有弹性效果。

【拓展与提高】

（1）使用 ::first-line 伪元素选择器，使每个段落的首行样式与其他行的样式有所区别。

（2）举一反三，使用多个<section>标签，使每个section元素包含一张星系图像与对应文本。注意：这里为了节省篇幅，网页中的段落文本代码使用"……"代替被删除的部分。

超链接样式为按钮式凸凹效果

此图在最前面

◎ 图 5-14　太阳系网页

全部参考代码如下。

```html
<!DOCTYPE html>
<html>
  <head>
    <meta charset="utf-8">
    <title> 太阳系的八大行星 </title>
    <style type="text/css">
      h1{color:#FF0; font-family:" 黑体 ";}
      h2{color:#CCC; font-family:" 黑体 ";}
      header,footer{ text-align:center; clear:both;}
      #mainbox{ }
      nav {  /* 导航菜单部分 */
        background-color: rgba(171,205,245,0.8);
        font-size:20px;
        height:50px;
        padding-top:10px;
      }
      a {
        text-decoration:none;
        font-family: Arial;
        font-size: 1.2em;
        text-align:center;
        margin:3px;
      }
      /* 按钮式超链接样式 */
      a:link, a:visited {  /* 未被访问与被访问后的样式 */
        color: #A62020;
        padding:4px 10px 4px 10px;
        text-decoration: none;
        /* 设置背景颜色与边框线样式，以产生按钮上凸的效果 */
        background-color: #DDD;
        border-top: solid #EEEEEE 1px;
        border-left:solid #EEEEEE 1px;
        border-right: solid #3C3C3C 1px;
        border-bottom: solid #3C3C3C 1px;
      }
      a:hover {
        color: #FF0;
        /* 设置边框线颜色与背景颜色，以产生按钮下凹效果 */
        background-color: #CCC;
        border-top: #666 1px solid;
        border-left: #666 1px solid;
        border-right : #CCC 1px solid;
```

```
        border-bottom : #CCC 1px solid;
    }
    #wrap{/* 用于最外层有效页面，最大宽度为 1000px*/
        text-align:left;
        max-width:1000px;
        margin:0px auto;
    }
    body{
        background-color:black;   /* 网页背景颜色 */
        text-align:center;
    }
    p{
        font-size:13px;       /* 段落文字大小 */
        color:white;
    }
    h3.title1{  /* 左侧标题 */
        text-decoration:underline;  /* 下画线 */
        font-size:20px;
        font-weight:bold;  /* 粗体 */
        color:#FF0;
        text-align:left;  /* 左对齐 */
        font-style: italic;
        letter-spacing: 0.5em;
    }
    h3.title2{  /* 右侧标题 */
        text-decoration:underline;
        font-size:20px;
        font-weight:bold;
        text-align:right;
        color:#FF0;
        font-style: italic;
        letter-spacing: 0.5em;
    }
    p.content{  /* 正文内容 */
        line-height:1.2em;  /* 正文的行间距 */
        margin:0px;
    }
    img{
        border:1px #999 dashed;  /* 图像的边框线 */
    }
    img.pic1{
        float:left;  /* 左侧图像混排 */
        margin-right:10px;  /* 图像右侧与文字的距离 */
        margin-bottom:5px;
```

```
        }
        img.pic2{
            float:right;  /* 右侧图像混排 */
            margin-left:10px;  /* 图像左侧与文字的距离 */
            margin-bottom:5px;
        }
        span.first{  /* 首字放大 */
            font-size:60px;
            font-family: 黑体 ;
            float:left;
            font-weight:bold;
            color:#CCC;  /* 首字颜色 */
        }
        p::first-line{ color:#B3ECF9; font-size:1.5em;}
        h1::first-letter{ color:#F33; font-weight:bold;}
    </style>
</head>
<body>
    <div id="wrap">
        <header>
            <h1> 太阳系八大行星 </h1>
            <nav>
                <a href="#">Home</a>
                <a href="#anchor1"> 水星 </a>
                <a href="#anchor2"> 地球 </a>
                <a href="#anchor3"> 火星 </a>
                <a href="#anchor4"> 冥王星 </a>
            </nav>
        </header>
        <div id="mainbox">
            <img src="solar/baall.jpg" class="pic2">
            <p><span class="first"> 太 </span> 阳系是以太阳为中心，和所有受到太阳的重力约束天体的集合
体，包括 8 颗行星、至少 165 颗已知的卫星、3 颗已经辨认出来的矮行星（冥王星和其卫星）和数以亿计的
太阳系小天体。这些小天体包括小行星、柯伊伯带的天体、彗星和星际尘埃。依照至太阳的距离，行星序
是水星、金星、地球、火星、木星、土星、天王星和海王星，8 颗中的 6 颗有天然的卫星环绕着。</p>
            <a name="anchor1"></a>
            <h3 class="title1"> 水星 </h3>
            <img src="solar/ba1.jpg" class="pic1">
            <p class="content"> 水星在八大行星中是最小的行星，比月球大 1/3……当它出现在傍晚时，被
称为墨丘利。但是，当它出现在早晨时，为了纪念太阳神阿波罗，人们称它为阿波罗。毕达哥拉斯后来指
出它们实际上是相同的一颗行星。</p>
            <h3 class="title2"> 金星 </h3>
            <img src="solar/ba2.jpg" class="pic2">
            <p class="content"> 金星是八大行星之一，按离太阳由近及远的次序排为第二颗。它是离地球最
```

近的行星。中国古代称它为太白或太白金星……由于离太阳比较近，所以在金星上看太阳，太阳的大小比地球上看到的大 1.5 倍。</p>

    <a name="anchor2"></a><h3 class="title1"> 地球 </h3>

    <img src="solar/ba3.jpg" class="pic1">

    <p class="content"> 地球是太阳系八大行星之一（2006 年冥王星被划为矮行星，因为其运动轨迹与其他八大行星不同），按离太阳由近及远的次序排为第三颗……地球是目前发现的星球中有人类生存的唯一星球。</p>

    <a name="anchor3"></a><h3 class="title2"> 火星 </h3>

    <img src="solar/ba4.jpg" class="pic2">

    <p class="content"> 火星（Mars）是八大行星之一，符号是♂……两颗卫星都很小而且形状奇特，它们被认为可能是被引力捕获的小行星。英文里前缀 areo 指的就是火星。</p>

    <h3 class="title1"> 木星 </h3>

    <img src="solar/ba5.jpg" class="pic1">

    <p class="content"> 木星古称岁星，按离太阳由远及近的次序排为第五颗行星，并且是八大行星中最大的一颗，比所有其他行星的和质量大 2 倍，是地球的 318 倍……它们是不以地球为中心运转的第一个发现，也是支持哥白尼的日心说的有关行星运动的主要依据。</p>

    <h3 class="title2"> 土星 </h3>

    <img src="solar/ba6.jpg" class="pic2">

    <p class="content"> 土星古称镇星或填星，因为土星公转周期大约为 29.5 年……在太阳系的行星中，土星的光环最惹人注目，它使土星看上去就像戴着一顶漂亮的大草帽。观测表明构成光环的物质是碎冰块、岩石块、尘埃、颗粒等，它们排列成一系列的圆圈，绕着土星旋转。</p>

    <h3 class="title1"> 天王星 </h3>

    <img src="solar/ba7.jpg" class="pic1">

    <p class="content"> 天王星是太阳系中离太阳最远的第七颗行星，从直径来看，是太阳系中的第三大行星。天王星的体积比海王星的大，质量却比海王星的小……由于其他行星的名字都取自希腊神话，因此为保持一致，由波德首先提出把它称为"乌拉诺斯（Uranus）"（天王星），但直到 1850 年才开始广泛使用。</p>

    <h3 class="title2"> 海王星 </h3>

    <img src="solar/ba8.jpg" class="pic2">

    <p class="content"> 海王星（Neptune）是环绕太阳运行的第八颗行星，也是太阳系中的第四大天体（直径上）……如果早几年或晚几年对海王星进行搜寻，人们将无法在预测位置或其附近找到它。</p>

   </div> <!--mainbox 结束 -->

  </div> <!--wrap 结束 -->

 <footer><p> 版权所有 &copy;2022—2024 zyf @ZIME</p></footer>

</body>

</html>

【拓展知识】

知识 1：将主体页面宽度设置为 max-width。

width 属性用于设置固定宽度，优点是页面文本宽度不会发生变化，当浏览器窗口小于该宽度值时，将显示滚动条。使用 max-width 属性，当浏览器窗口大于该宽度值时，文本位置不变，而当浏览器窗口小于该宽度值时，文本位置会随着窗口的宽度变化而变化，但不会出现滚动条。max-width 属性一般用于弹性布局的页面。

知识 2：超链接的设置。

如果还有其他地方有超链接，但是又希望不使用与上面相同的按钮效果，则需要将代码中全套的按钮式超链接改为使用后代选择器，以保证其效果只在 nav 中生效。

nav a { …… }

nav a:link, nav a:visited { …… }

nav a:hover { …… }

知识 3：设置有效页面的立体效果。

box-shadow: 0 1px 3px rgba(0,0,0,0.1); /* 阴影效果 */

5.4.3　常见问题 Q&A

（1）在制作如图 5-14 所示的太阳系网页时，当把网页背景颜色设置为黑色时，为什么文字全部不见了？

答：因为文字颜色默认是黑色，将背景设置颜色为黑色时，同时需要将文字颜色设置为浅色，如浅灰色或白色。例如：

```
body{ background-color: #000000; color: #FFFFFF;}
```

（2）按照 5.2 节中使用无序列表制作导航菜单的方法来制作横向导航菜单，为什么会出现两行？

答：通过 float 属性将每个无序列表项 li 横向排列，若导航块 nav 的宽度不足，则无序列表项 li 会换到下一行，因此所有无序列表项的总宽度不能超过导航块的宽度。解决方法如下。

方法 1：减少每个无序列表项的宽度，如把原来的

```
nav ul li{width: 100px; float:left;}
```

改为

```
nav ul li{width: 80px; float:left;}
```

方法 2：增加导航块 nav 的总宽度。

方法 3：减少"<li> 导航项 </li>"的数量，以保证导航块 nav 的宽度范围内能够容纳所有无序列表项。

5.5　理论习题

一、选择题

1．在设置超链接的 CSS 样式时，除了设置通用的样式，如 a{ text-decoration: none;}，通常需要设置链接属性。其中，鼠标指针悬停选择器名称为（　　　）。

　　A．a:link　　　　　　　　　　　B．a:visited

　　C．a:hover　　　　　　　　　　D．a:active

2．如果要清除或添加超链接的下画线，通常需要设置其（   ）属性。

    A．text-align   B．text-transform

    C．text-indent   D．text-decoration

3．为了保证不同块中的超链接效果各自独立，需要使用后代选择器，以下关于超链接的后代选择器写法错误的是（   ）。

    A．

```
navi a {text-decoration: none;}
navi a:link，#navi a:visited {color: #000; text-decoration: none;}
navi a:hover {color: #F0F; background-color: #00F; text-decoration: underline;}
navi a:active {}
```

    B．

```
nav a:link {color: #F00; text-decoration: none;}
nav a:visited {color: #000; text-decoration: none;}
nav a:hover {color: #F0F; background-color: #00F; text-decoration: underline;}
```

    C．

```
nav a {text-decoration: none;}
nav a:link, nav a:visited {color: #000;}
nav a:hover {color: #F0F; background-color: #00F; text-decoration: underline;}
a:active {}
```

    D．

```
nav a {text-decoration: none;}
nav a:link, a:visited {color: #000; text-decoration: none;}
nav a:hover {color: #F0F; background-color: #00F; text-decoration: underline;}
```

4．利用以下方式设计导航菜单

```
<nav id="navi">
  <ul>
    <li><a href="#"> 导航项 1</a></li>
    <li><a href="#"> 导航项 2</a></li>
    ……
  </ul>
</nav>
```

（   ）选项无法实现当鼠标指针悬停时，字体颜色为黄色、具有下画线的效果。

    A．

```
nav li a:hover{
  color:#FFFF00;
  text-decoration: underline;}
```

    B．

```
navi ul li a:hover{
```

```
color:yellow;
text-decoration: underline;}
```

C.

```
navi li a:hover{
    color:rgb(255,255,0);
    text-decoration: underline;}
```

D.

```
navi li a:hover{
    color:rgba(255,255,0,1);
    text-decoration: underline;}
```

二、思考题

1. 常用的复合选择器有哪几种类型？请逐一举例说明。

2. 在复合选择器中，后代选择器与子代选择器的区别是什么？请举例说明。

3. 在 CSS3 中，伪元素选择器与伪类选择器有什么异同点？请举例说明。

4. 在设置超链接样式时，为什么通常要设置全套选择器样式，而不是仅仅使用 <a> 标签？

5. 为什么在设置超链接的背景颜色时，通常会将其设置为块级显示（dispaly:block;）？

6. 如何使用无序列表制作横向导航菜单？

7. 如何在横向导航菜单中间添加一条竖线？

第6课 基本 HTML5 框架与应用

【学习要点】

- HTML5 语义化结构标签。
- <meta> 标签的作用。
- 使用 shortcut icon 添加图标 Logo。
- 常见的 section 分节网页框架。

【学习预期成果】

了解并掌握 HTML5 语义化结构标签的使用方法，包括 <header>、<footer>、<nav>、<section>、<article>、<main> 等标签；能使用 CSS 选择器设计与制作网页的基本框架；使用 <section> 标签制作网页框架，并让网页具有图标 Logo；能完成自己的个人简历网页的设计与制作。

浏览器窗口大小是任意的，如果想要让网页元素的位置随着浏览器窗口大小的变化而自适应布局，就需要将网页内容组织妥当，并按照一定的规律布局。最好将这些元素放置在一个具有一定宽度的页面中，并使用结构化标签和应用 CSS 样式来规范这些网页元素。HTML5 是 HTML 的最新版本，其新增了许多新的语义化结构标签，下面介绍常见的语义化结构标签及其用途。

扫一扫

HTML5 基本框架及应用

6.1　什么是语义化结构标签

除了前述的 <html>、<body>、<head> 等网页文件必需的结构标签，以往页面布局基本都使用 <div> 标签进行布局块的设计。<div> 标签只是一个普通的分隔区块，没有明确的语义，不利于网页代码的开发，因此 HTML5 提供了新的语义化结构标签，如前面应用过的 <header>、<footer>、<nav> 等，能够让人看到就知道其大概功能。

所谓语义化，就是赋予标签含义，让人一看就能知道其功能。大多数网站结构都很相似，包含页眉、页脚、侧边栏、导航菜单等。以往的做法是为相应的 <div> 标签定义一个 id 或类名，如 "id="header""，但这样只是为一个 div 元素赋予了名称，对浏览器或搜索引擎爬虫来说，它们并不能确定每个 div 元素中包含的内容是什么。因此，HTML5 添加了一些新的、具有一定语义的标签，如 <nav>、<section>、<header> 等。在页面布局中，HTML5 语义化结构标签的主要使用场景如图 6-1 所示。

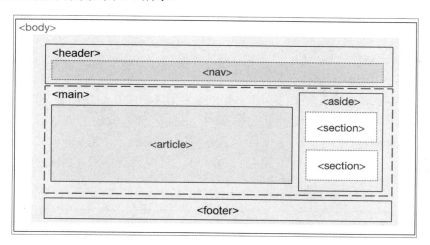

◎ 图 6-1　HTML5 语义化结构标签的主要使用场景

语义化结构标签的含义及功能如下。

- <header> 标签：网页内容的页眉部分。
- <footer> 标签：网页内容的页脚部分。
- <nav> 标签：导航菜单。
- <section> 标签：内容节。
- <article> 标签：文章，一般可能具有标题。
- <aside> 标签：侧边栏。
- <main> 标签：网页主体（只能有一个）。

由上述标签名可知，nav 是 navigation 的缩写，含义为导航，section 的含义为分节。需要注意的是，读者务必要区分 <header> 与 <head> 标签的不同，前者是语义化结构标签，常用于网页内容中的页眉部分，不是必需的，而后者是网页文件必需的基础结构标签，表示网页头部结构，是必需的。HTML5 标签的详细说明详见附录 A。

6.2 语义化结构标签的应用

利用语义化结构标签编写的网页代码，结构清晰、简洁。图 6-1 所示的网页框架的示意代码如下。

```
<div id= "wrapper">
  <header>
    <nav> 导航项 </nav>
    ……
  </header>
  <main>
    <aside> 边栏内容 </aside>
    <article> 文章主体内容 </article>
    ……
  </main>
  <footer> 页脚 / 版权信息 </footer>
</div>
```

其中，<header>、<nav>、<aside> 等是新的 HTML5 语义化结构标签，而 <main> 是一个特殊的结构标签，表示 HTML 文件 document 中 body 元素包含的主要内容。一个网页中只能有一个 <main> 标签，不能在 <article>、<aside>、<footer>、<header> 或 <nav> 标签中包含 <main> 标签。另外，还需要使用相应的 CSS 样式代码设置布局。有关页面布局及其相关的 CSS 样式设置等，详见第 7~9 课。

【拓展知识】

除了语义化结构标签，HTML5 语义化标签还提供了格式标签、应用标签。

知识 1：格式标签。

格式标签包括 <mark>、<progress>、<meter> 等，其中 <mark> 标签用于突出显示指定区域的文本内容，类似于用荧光笔做笔记的效果。例如：

<p> 这是一段 <mark> 应用 mark 标签的文字 </mark> 内容。</p>

<progress> 标签用于显示任务的进度状态（如以下代码），通常配合 JavaScript 代码实现进度的动态效果，常用于如"文件正在下载中"的状态效果。

<progress value="35"max="100"> </progress>

知识 2：应用标签。

应用标签包括 <video> 视频标签、<audio> 音频标签、<figure> 标签、<figcaption> 标签等。<figure> 标签与 <figcaption> 标签用于对元素进行组合，可包含注解、图示、照片、代码等。例如：

```
<figure style="text-align:center;">
   <img  src="lab1-1/DSC06962.JPG" width="60%" >
   <figcaption> 在 SUNY Cobleskill 的学习
   </figcaption>
</figure>
```
　　另外，结合 JavaScript 的 API 新标签 <canvas>，用于在网页中利用画布绘制图形，读者可以在第 18 课中学习。

6.3　<meta> 标签

6.3.1　<meta> 标签的基本用途

　　<meta> 是一个重要的网页信息标签，放在 <head> 标签中，一般用于定义网页的描述说明、关键字、作者等信息，其所描述的 author（作者属性）、date（日期属性）、keywords（关键词属性）等信息，虽然不会在网页中显示，但是方便用户搜索。

```
<meta http-equiv="Content-Type" content="text/html; charset=utf-8" />
<meta name="description" content=" 国际教育学院 浙江机电职业技术学院 ">
<meta name="author" content=" 徐志摩 ">
```

6.3.2　控制响应式设计中的视口

　　<meta> 标签另外一个重要作用是在响应式设计中控制视口（viewport）显示效果，方法如下。

```
<meta name="viewport" content="width=device-width, initial-scale=1.0">
```

　　上述语句的作用是让当前视口的宽度等于设备的宽度，并且不允许用户手动缩放，以保证手机版网页正确展示。关于响应式设计基础知识，详见第 14 课。

6.3.3　设置网页的定时跳转

　　有时，我们在打开网站时会发现欢迎页面经过几秒后会自动跳转到首页，实际上这是网页的定时跳转功能。通过 <meta> 标签中的 refresh 属性很容易实现定时跳转功能，方法如下。

```
<!DOCTYPE html>
<html>
  <head>
    <meta charset="utf-8">
    <title>meta 实现网页定时跳转 </title>
    <meta http-equiv="refresh" content="5; url=http://www.163.com" >
  </head>
```

```
<body>
    <h2> 这是欢迎页面，5s 后会自动跳转到其他网页 </h2>
</body>
</html>
```

虽然使用这个方法比较灵活方便，但会让页面不受用户控制，所以需要慎重使用。

【拓展知识】

知识：在网页标题中显示图标 Logo。

一般网站通常会将一个小图标显示在标题文本的前方，以彰显网站的个性或归属。简单的方法是在网页的 <head> 标签中添加 shortcut icon 的链接。首先准备好一个 gif 或 ico 图标文件，然后使用 <link> 标签进行图标处理。例如：

<link rel= "shortcut icon" href= "images/logo.ico" type= "image/x-icon" >

6.4 每课小练

6.4.1 练一练：使用 <section> 标签的上下结构网页框架

【练习目的】

- 学习使用站点的模板网页文件，方便备用。
- 熟悉 <meta> 标签的含义与使用方法。
- 熟悉 shortcut icon 的使用方法。

【练习要求】

当我们浏览一个有内容的网页时，可以注意到网页通常分为上下结构或左右结构。当使用上下结构时，可以采用若干个 <section> 标签，通过在各个 <section> 标签中添加文本图像等内容来制作网页（见图 6-2），具体步骤如下。

（1）制作一个在网页标题中具有自己 Logo 的基本网页，并利用 shortcut icon 添加小图标 Logo（详见后面网页 <head> 标签中的相关代码）。

（2）利用 <section> 标签，结合之前学习的 <header>、<footer> 等标签，建立一个基于 <section> 标签的网页框架。

这里只介绍上下结构网页框架，左右结构网页框架相对复杂，请读者参考后续章节内容。

section 框架

section 框架的横向
导航菜单

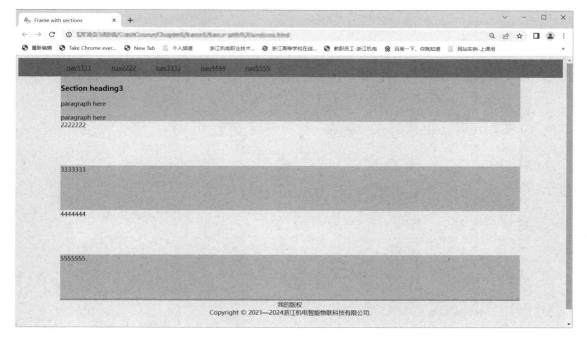

◎ 图 6-2　上下结构网页框架

完整的参考代码如下。

```
<!DOCTYPE html>
<html>
  <head>
    <meta charset="utf-8">
    <title>Frame with sections</title>
    <!-- 标题小图标 -->
    <link rel="shortcut icon" href="alpheus/images/logo2.png" type="image/x-icon" >
    <meta name="description" content="for section frame" ><!-- 可省略此行 -->
    <!--Responsive Web Design for mobile-->
    <meta name="viewport" content="width=device-width, initial-scale=1,maximum-scale=1,user-scalable=no">
    <!-- 用于响应式设计，可省略此处 -->
    <!-- 内嵌式 CSS 样式开始 -->
    <style>
      body{background-color: #EEEEEE;}
      /* 顶部包含导航布局块，默认宽度为 100%*/
      .top-nav{ height: 50px; overflow: hidden; background-color: #6ca545;}
      /* 顶部横向导航菜单，宽度为 1200px*/
      nav{ width: 1200px; padding-top:15px; height: 30px; margin: auto;
          overflow: hidden;padding-left: 30px;}
      /* 用于通过无序列表来制作横向导航菜单 */
      nav li{ width: 15%; float: left;}
      .mainbox{ /* 主体部分 */
```

```
        max-width: 1200px;
        margin: auto;
    }
    footer{  /* 底部 */
        height: 100px; text-align: center; border-top: #00CC66 5px solid;
clear: both; }
    section{height: 120px; overflow: hidden;}

    /* 奇数 section 元素的背景颜色 */
    section:nth-of-type(odd){background-color: #96d4fd;}
    /* 偶数 section 元素的背景颜色 */
    section:nth-of-type(even){background-color: #f7f1a6;}
    section h1{text-align: center;}
    main{
        background-color: #FF0; max-width: 1200px;margin: auto;
        overflow: hidden;}
    /* 两个 section 元素之间的线 */
    section+section{
        padding:5px 0px;
        border-top:dashed 5px #000; }
    </style>  <!-- 内嵌式 CSS 样式结束 -->
</head>
<body>
  <header>
    <div class="top-nav">
    <!-- 此处通过直接使用 <a> 标签来比较使用 <ul>+<li>+<a> 标签生成横向导航菜单方法的不同 -->
      <nav>
        <a href="#s1">nav1111</a>       
        <a href="#s2">nav2222</a>          
        <a href="#s3">nav3333</a>          
        <a href="#s4">nav4444</a>          
        <a href="#s5">nav5555</a>
      </nav>
    </div>
  </header>
  <div class="mainbox"> <!--mainbox 开始 -->
    <main>
      <a name="s1"></a> <!-- 为 section 元素定义锚记 -->
      <section class="s1">
        <h3>Section heading3</h3>
        <p>paragraph here</p>
        <p>paragraph here</p>
      </section>
```

```
        <a name="s2"></a><section >2222222</section>
        <a name="s3"></a><section >3333333</section>
        <a name="s4"></a><section >4444444</section>
        <a name="s5"></a><section >5555555</section>
    </main>
    <footer> 我的版权 <br>Copyright &copy; 2021—2024 浙江机电智能物联科技有限公司 </footer>
  </div> <!--mainbox 结束 -->
</body>
</html>
```

说明 1：这里仅在 \<nav\> 标签中使用 \<a\> 标签和 ，是简化的导航菜单，读者可以使用前述无序列表生成导航菜单的方法。这种方法更加灵活，并且能实现更加丰富的效果。

说明 2：这里设置了每个 section 元素的高度，但实际上其高度由内容决定，因此读者在实际制作网页时，必须删除 section 元素的高度（height）值。

6.4.2　学以致用：使用 CSS 实现个人简历网页

【练习目的】

为了更好地学以致用，将专业知识应用于社会实践。在学习之余，我们要积极参加工作实习。在应聘前，为了能让雇主更好地了解你，需要准备自己的个人简历。

【思政天地】树立人生目标，正三观，提升社会责任感

积极参加社会实践不仅能提高专业能力，更重要的是树立自己的人生目标，提高社会责任感。在实习工作过程中，积极探索和思考，带着问题学习。

【练习要求】

准备自己的个人资料，利用上述具有 \<section\> 标签的网页框架，参考下列网页效果，完成如图 6-3 所示的个人简历网页的设计与制作。

基本要求如下。

（1）使用前述模板文件，并在网页中使用 \<header\>、\<footer\>、\<section\>、\<div\>、\<ul\>、\<li\> 等常用标签。

（2）使用个人图标 Logo，并在网页中使用自己的真实照片。

（3）使用 CSS 样式制作二级标题左边的黑色装饰块。

（4）要有一定的留白、背景颜色等，尽量美化网页。

（5）注意配色及布局。

（6）可以增加导航菜单部分的超链接项，以链接到常用网站，如你所在学院的网站首页，菜鸟教程网站等。

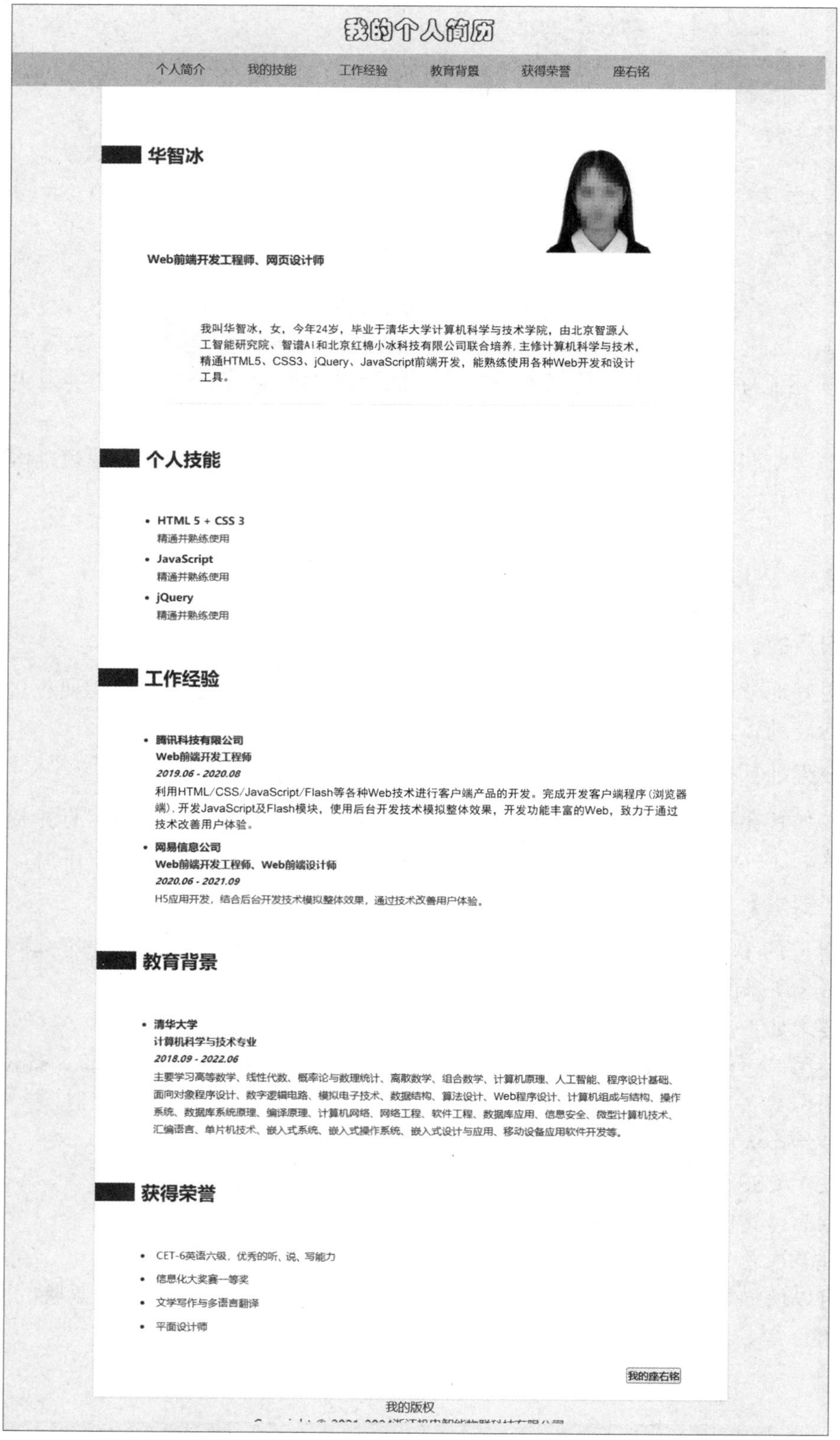

我的个人简历

| 个人简介 | 我的技能 | 工作经验 | 教育背景 | 获得荣誉 | 座右铭 |

■ 华智冰

Web前端开发工程师、网页设计师

我叫华智冰，女，今年24岁，毕业于清华大学计算机科学与技术学院，由北京智源人工智能研究院、智谱AI和北京红棉小冰科技有限公司联合培养，主修计算机科学与技术，精通HTML5、CSS3、jQuery、JavaScript前端开发，能熟练使用各种Web开发和设计工具。

■ 个人技能

- **HTML 5 + CSS 3**
  精通并熟练使用
- **JavaScript**
  精通并熟练使用
- **jQuery**
  精通并熟练使用

■ 工作经验

- **腾讯科技有限公司**
  Web前端开发工程师
  2019.06 - 2020.08
  利用HTML/CSS/JavaScript/Flash等各种Web技术进行客户端产品的开发。完成开发客户端程序（浏览器端），开发JavaScript及Flash模块，使用后台开发技术模拟整体效果，开发功能丰富的Web，致力于通过技术改善用户体验。
- **网易信息公司**
  Web前端开发工程师、Web前端设计师
  2020.06 - 2021.09
  H5应用开发，结合后台开发技术模拟整体效果，通过技术改善用户体验。

■ 教育背景

- **清华大学**
  计算机科学与技术专业
  2018.09 - 2022.06
  主要学习高等数学、线性代数、概率论与数理统计、离散数学、组合数学、计算机原理、人工智能、程序设计基础、面向对象程序设计、数字逻辑电路、模拟电子技术、数据结构、算法设计、Web程序设计、计算机组成与结构、操作系统、数据库系统原理、编译原理、计算机网络、网络工程、软件工程、数据库应用、信息安全、微型计算机技术、汇编语言、单片机技术、嵌入式系统、嵌入式操作系统、嵌入式设计与应用、移动设备应用软件开发等。

■ 获得荣誉

- CET-6英语六级，优秀的听、说、写能力
- 信息化大奖赛一等奖
- 文学写作与多语言翻译
- 平面设计师

我的座右铭

我的版权

◎ 图6-3 个人简历网页

【拓展知识】

知识 1：通过 CSS 样式设置装饰块。

通过设置边框线的 CSS 样式可以设计左边的黑色装饰块。

border-left: 52px solid #444;

知识 2：导航超链接的设置。

方法 1：设置简单超链接。

```
a {
    color: #444;
    text-decoration: none;  /* 清除超链接的下画线 */
}
a:hover {  /* 鼠标指针悬停 */
    text-decoration: underline;  /* 当鼠标指针悬停时显示下画线 */
}
```

方法 2：设置全套超链接样式。

```
nav{}
nav ul{list-style-type: none; margin: 0; padding: 0;}
nav ul li{width: 200px; float: left; }
nav ul li a{ display:block; }
nav ul li a:link,nav ul li a:visited{……}
nav ul li a:visited{……}
```

知识 3：有效页面的立体效果。

通过将网页背景颜色设置为灰色，有效网页背景颜色设置为白色，并使用盒子阴影，可以实现类似于纸张的立体效果。

box-shadow: 0 1px 3px rgba(0,0,0,0.1); /*: 阴影效果 */

6.4.3　常见问题 Q&A

（1）在使用 <section> 标签制作上下结构的网页框架时，用 section:nth-child(even){} 设置背景颜色，为什么变成了对奇数 section 元素设置样式？

答：注意 :nth-child(n) 与 :nth-of-type(n) 用法的不同，:nth-child(n) 指的是子元素在其父元素中的第 n 个位置（是父元素的第 n 个孩子）。为了更好地理解 :nth-child(n) 的用法，建议读者在 HTML 代码的 <section> 标签外添加一个 div 父元素，保证 <section> 标签没有其他类型的兄弟元素。

（2）怎么制作美观的具有镂空效果的"我的个人简历"文本？

答：这是华文彩云字体的文本，有两种制作方法。第一种：使用 <h1> 标签，并将 CSS 样式设置为 font-family: " 华文彩云 ";。如果系统中没有这个字体，将显示浏览器的默认字体，通常为黑体（在 Windows 操作系统下，Chrome 浏览器的默认字体为微软雅黑）。关于 Web 中的字体，详见第 15 课。第二种：如果系统中没有这个字体，则可以先将该文本设计成图像，再插入该图像或将其作为背景图像。

【拓展知识】

知识 1：衬线体（Serif）与非衬线体（Sans-serif）。

网页中的字体一般指的是西方国家字母体系。衬线体指的是从笔画开始、结束的地方有额外的装饰，笔画的粗细不同，字体边缘具有明显的艺术修饰效果；非衬线体指的是笔画粗细均匀、清晰，没有额外的装饰。默认英文衬线体为 Times New Roman，如中文的宋体；默认英文非衬线体为 Arial、Tahoma，如中文的黑体。

知识 2：CSS 的 @font-face 功能。

CSS 的 @font-face 功能可以实现在 Web 中自定义字体，基本步骤如下。

步骤①：下载字体库文件，如 Exo-ExtraLightItalic.otf。

步骤②：在 CSS 样式中利用 @font-face 功能添加字体库。

步骤③：在 CSS 样式的 body 标签选择器中使用 font-family 属性。

关于衬线体与非衬线体，以及自定义字体，详见第 15 课。

6.5 理论习题

一、选择题

1. 以下关于 <meta> 标签作用的说法，正确的是（　　）。

    A．一般用于定义页面的说明（description）、作者（author）、关键字（keywords）等信息

    B．用于描述网页的标题（title）信息

    C．用于插入 CSS 样式

    D．用于在网页中显示所定义的说明或作者信息

2. 以下关于 HTML 及网页前端开发的说法，错误的是（　　）。

    A．作为 Web 前端工程师，必须学习并掌握网页开发的三个重要内容：HTML、CSS、JavaScript。这三个重要内容对应网页的三要素是结构、表现、行为

    B．HTML5 使用更简洁的代码，目前各个主流浏览器对 HTML5 都有良好的兼容

    C．HTML5 新增的语义化结构标签，如 <header>、<footer>、<section>、<nav> 等，为页面章节定义了含义，使得浏览器对 HTML 的解析更智能

    D．在制作 HTML5 网页时，必须使用 <header>、<footer> 等语义化结构标签

3. （　　）是使用 HTML5 语义化结构标签 <nav> 定义导航菜单的正确方式。

    A．<navi> <ul> 此处为导航项 </ul> </navi>

    B．<div class="navi"> <ul> 此处为导航项 </ul> </div>

    C．<nav id="navi"> <ul> 此处为导航项 </ul> </nav>

    D．<div id="nav"> <ul> 此处为导航项 </ul> </div>

4. （　　）写法是错误的。

    A．<div id="copyright"> 此处为版权信息 </div>

B．<footer> 此处为页脚内容 </footer>

　　C．<div class="copyright"> 此处为版权信息 </div>

　　D．<foot id="footer"> 此处为页脚内容 </foot>

5．（　　　）能将 id 为 wrap 的容器设置为页面居中。

　　A．#wrap { width: 80%; margin: auto;}

　　B．#wrap { width: 800px; margin: 50px;}

　　C．#wrap { width: 100%; margin: auto;}

　　D．#wrap { width: 800px; text-align:center;}

二、思考题

1．举例说明 <meta> 标签的几种应用。

2．为什么一般网页中都会使用 <header>、<footer> 标签？

3．举例说明在制作一个基本的网页框架时需要使用哪些标签。

4．在制作个人简历时，如何让简历网页看起来像一张 A4 纸张？

5．什么是衬线体？什么是非衬线体？

第 7 课 盒子模型与 DOM 树

【学习要点】

- 盒子模型。
- padding、margin、border 属性。
- DOM 树。
- 标准文档流。
- 块级元素与行内元素。
- float、clear 属性。

【学习预期成果】

了解并掌握盒子模型与网页 DOM 树的基本概念；正确使用 padding、margin、border 等属性；掌握块级元素与行内元素的区别与转换方法；通过网页案例加深理解，熟悉 float 与 clear 属性的应用。

读者在第 4 课中已经了解到，网页中的元素可以通过 float 属性进行水平排列。实际上，使用 float 属性，或者 position 位置属性（详见第 9 课）可以进行各种页面布局。在开始网页的固定宽度布局之前，读者需要学习并掌握什么是盒子模型与 DOM 树，块级元素的特点、块级元素之间的关系，float 属性的应用，以及 float 属性与布局的关系等。

7.1　DOM 树与文档流

扫一扫

盒子模型 DOM 与
float 属性

　　HTML 的文件结构特点是以 DOM（Document Object Model，文件对象模型）为基础，通过 DOM 树结构定义访问和操作 HTML 文件的标准方法。所谓文档流，是指浏览器在渲染 HTML 文件时，从顶部开始为网页元素分配的空间。虽然网页文件从 HTML 节点开始，但浏览器的空间是从 body 开始的，即浏览器窗口中的全部网页元素都在 body 节点的下面。图 7-1 所示为 DOM 树及对应的 HTML 代码。DOM 文档对象模型的基本结构如图 7-1（a）所示，类似于一棵倒置的树形，因此被称为 DOM 树。

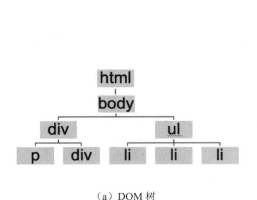

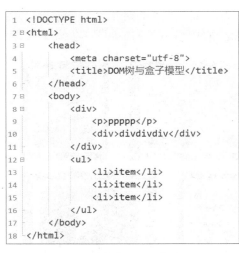

（a）DOM 树　　　　　　　　　　（b）对应的 HTML 代码

◎ 图 7-1　DOM 树及对应的 HTML 代码

7.2　盒子模型

7.2.1　什么是盒子模型

　　盒子模型是页面布局与样式的基础。所谓盒子模型，是指占据一定空间的网页元素，可以将每个网页元素看成一个盒子，其中的内容可以是文字、图片等元素，也可以是小盒子，如在 div 元素中的嵌套 div 元素等。

　　盒子的组成包括内容（content）、填充（padding）、边框（border）、边界（margin）。

1. 内容

　　内容就是网页元素自身，包括 width（宽度）、height（高度）与 overflow（溢出）三个属性。

使用 overflow 属性可以设置当内容溢出元素框时的展现形式。例如，overflow:hidden; 表示当内容超出容器的宽度高度时，隐藏超出部分。

2．填充

填充就是内边距，指内容与边框之间的距离。

3．边框

边框就是边框线，包括颜色、线型、粗细 3 个属性。例如，在前面网页元素边框线的 CSS 样式代码 border-left:#666 1px solid; 中，冒号后面的 3 个属性分别表示颜色、线型、粗细。这 3 个属性的顺序可以任意排列。

4．边界

边界就是外边距，指边框与盒子元素之间的距离。

图 7-2（a）展示的是生活中的盒子，其中画的 width、height 的范围是内容，padding 是内容与边框线之间的留白；图 7-2（b）展示的是浏览器编辑器中的网页元素盒子。

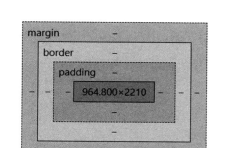

（a）生活中的盒子　　　　　　　　　　　　（b）网页元素盒子

◎ 图 7-2　盒子模型

CSS 盒子可以作为容器，并且具有弹性的特点。另外，当设置盒子的背景颜色时，padding 部分有背景颜色，而 margin 部分没有背景颜色。

7.2.2　容器与元素的关系

在网页中，元素与元素之间有两种关系，一种是并列关系，另一种是包含关系。并列关系也被称为兄弟关系，包含关系也被称为父子关系或嵌套关系。

如果一个元素中包含另一个元素，则前者就是一个容器，也是父元素（也被称为父块），而后者是子元素。在如图 7-1（b）所示的 HTML 代码中，第一个 <div> 标签代表的 div 元素是一个容器，其内部包含 p 段落元素与第二个 div 元素。从这段 HTML 代码中可以看出，p 段落元素与第二个 div 元素是并列的，它们都是第一个 div 元素的子元素。

在 HTML 文件中，<body> 标签中包含了全部网页中的可见或不可见元素，即浏览器窗口中的网页元素都是 <body> 标签中的子元素或后代元素。在一个网页在中，<body> 标签有且只能有一个，它可以被看作一个特殊容器。

7.2.3　块级元素与行内元素

除了盒子模型，读者还需要了解块级（block）元素与行内（inline）元素的不同。网页元素分为块级元素和行内元素，如 <p>、<div>、<h1> 等是块级元素标签，而 <span>、<em>、<a> 等是行内元素标签。

1．块级元素

块级元素能够作为一个容器，符合标准文档流中块级元素的特点，即宽度是自动延伸的。当在网页中并列添加这些元素时，无论这些元素的宽度是多少，都默认单独占用横向空间。

2．行内元素

例如，span、a 等是行内元素，当需要设置首字下沉时，需要对单个文本进行设置，即对行内元素进行处理，因此需要使用 span 元素包含该文本，从而设置 CSS 样式。行内元素在 HTML 代码中的应用如下。

```
<!-- 行内元素的应用 -->
<p><span class= "first"> 首 </span> 字下沉 </p>
```

对应的 CSS 样式代码如下。

```
/* 自定义类，用于实现首字下沉 */
. first{
    font-size: 3em; /* 将文字放大 3 倍 */
    float: left; /* 靠左浮动，使文字下沉 */
}
```

图 7-1（b）中的 3 个 <li> 标签是并列的，因此 3 个 li 元素为兄弟关系，而两个 div 元素为父子关系。

【拓展知识】

知识 1：行内元素与块级元素的转换。

通过设置 display 属性可以实现行内元素与块级元素的转换。

display: block; /* 将行内元素转换为块级元素 */

display: inline; /* 将块级元素转换为行内元素 */

display: inline-block; /* 将元素转换为 inline-block*/

知识 2：inline-block 的特点。

具有 inline-block 属性的元素既可以包含 block 元素关于 width 和 height 的特性，又可以保持 inline 元素不换行的特性。

7.3　float 与 clear 属性

7.3.1　标准文档流

标准文档流的简称为标准流，是指在没有设置样式的默认情况下，元素排列的默认网页规则。也就是说，在分配空间时，不使用其他与排列定位相关的 CSS 规则。

例如，标准流中的块级元素内部的默认格式，即在不使用 float、flexbox、position 等属性时，具有以下特点。

（1）每个块级元素单独占用一行，不与其他块级水平排列。

（2）块级元素的宽度是自动延伸的，默认宽度为 100%，即自动填充父元素的宽度。

（3）块级元素的高度是自动收缩的，高度由内容的子元素来决定。

例如，前述的 p、div、li 等均为块级元素，仅仅设置它们的宽度无法让它们水平排列，需要使用 float 或 position 等属性使其脱离标准流，从而实现水平排列。以下 3 种方法均能使块级元素脱离标准流。

（1）float:left/right;　：左 / 右浮动，后面元素会向上收缩。

（2）position:absolute;　：浮起，形成叠放，通常与 z-index 属性结合使用。

（3）display:flex;　：使父元素成为 Flexbox 伸缩盒，其子元素可自动按某规则排列。

标准流中的行内元素（如 a、span、img、input 等）具有以下特点。

（1）在父元素容器范围内，从左到右排列，当宽度不足时，会自动换行。

（2）一行可以有多个行内元素。

7.3.2　使用 float 属性使元素脱离标准流

在标准流中，float 属性的默认值为 none，即分散。当把一个网页元素的 float 属性设置为 left 或 right 后，该元素将向其父元素靠拢，其父元素将向上收缩，不为该元素保留空间，被称为脱离标准流。图 7-3 所示为使用 float 属性使元素脱离标准流。

（a）标准流（未使用 float 属性）　　　　　　（b）脱离标准流后

◎ 图 7-3　使用 float 属性使元素脱离标准流

7.3.3　使用 clear 属性清除浮动的影响

为了避免使用 float 属性后元素对其兄弟块产生影响（兄弟块将向父元素靠拢），可以使用 clear 属性来清除浮动。

- clear:left;。
- clear:right;。
- clear:both;。

也就是说，当一个块使用了 float 属性以后，其兄弟块可以使用 clear 属性来清除该块对自己影响。float 和 clear 属性可以调整任何平级兄弟块之间的相互位置关系，因此这两个属性常用于网页布局（详见第 9 课）。使用 float 属性可以实现很多页面布局效果，具体如下。

- 图文混排。
- 无序列表的横向导航菜单。
- 页面布局（左右版式、左中右版式）。

【拓展知识】

知识 1：overflow 属性的妙用。

当一个容器（父元素）中的子元素使用 float 属性后，该容器会向上收缩。如果想要父元素保留自己的空间，则可以使用 overflow 属性，并将该属性的值设置为 hidden 或 auto，具体做法见视频。

知识 2：float、clear 与 overflow 属性作用对象的不同。

当一个元素使用 float 属性后，该元素会脱离标准流，如果该元素的父元素没有设置高度，则该元素会向上收缩；当该元素的父元素使用 overflow 属性后，可以保证父元素的高度，使外部元素无法进入父元素的范围。

扫一扫

overflow 妙用

7.4　每课小练

7.4.1　练一练：float 与 clear 属性的应用

扫一扫

float 与 clear 属性

【练习目的】

- 掌握盒子模型的基本概念。
- 掌握 clear 属性的使用方法。
- 熟练掌握盒子边框线、内外边距的 CSS 样式设置。

【练习要求】

制作如图 7-4 所示的网页，下面的 CSS 样式代码仅供参考，要求如下。

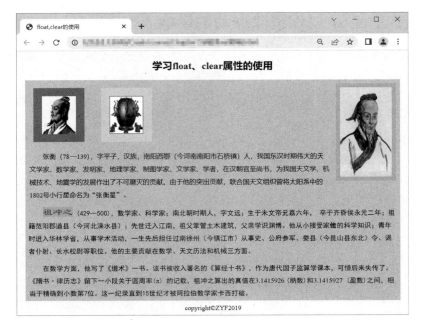

◎ 图 7-4　应用 float 与 clear 属性的网页

（1）使用若干个 div 元素，并将其作为容器，放入图像。

（2）使用 float 属性，让其中两个 div 元素靠左浮动，另一个 div 元素靠右浮动。

（3）使用 clear 属性，让文本在左边图像的下方，具体提示如下。

方法 1：对最邻近的兄弟段落（id 为 p1）进行如下设置。

```
#p1{ clear: left;}
```

方法 2：定义一个类选择器。例如：

```
.clr { clear: left;}
```

在 HTML 代码中，将该类选择器用于最邻近的兄弟段落。例如：

```
<p class="clr"> 张衡……</p>
```

CSS 样式代码参考如下。

```
<style>
  body {
    background-color: #FF9;
  }
  #contain{
    max-width:900px; /* 最大有效页面宽度，当页面宽度小于 900px 时，页面具有弹性 */
    background-color:#FCC;
    margin: 0 auto; /* 有效页面居中 */
  }
  p{
    line-height:2.0em; /*2 倍行间距 */
```

```
        margin:10px;
        text-indent: 2em;  /* 首行缩进 */
    }
    p span.first{  /* 用于 "祖冲之" 三个字 */
        background-color:#CCC;
        color:#F00;
        font-size:24px;
        font-family:" 隶书 ";
    }
    #left1{
        float: left;
        background-color:#39F;
        margin:20px;
        padding:20px;
        /*border:1px solid #000;*/
    }
    #left2{
        float: left;
        padding:20px;
        background-color:#0FF;
        margin:20px;
        /* border:3px solid #000;*/
    }
    #right1{
        float:right;
        background-color:#CCC;
        padding:10px;
        margin:10px;
        /*border:5px solid #000;*/
    }
    .clr{clear: left;}  /* 清除 float 属性的影响, 用于 "张衡……" 段落 */
    header,footer{text-align:center;}
</style>
```

7.4.2　学以致用：制作 IPanda 网页

【练习目的】

- 进一步熟悉使用无序列表制作横向导航菜单的方法。
- 熟练使用 float 属性进行图文混排。
- 了解基本左右布局页面的制作方法。

【思政天地】先从实践到理论，再由理论联系实际，学以致用

理论联系实际的前提是学懂并掌握理论知识及思想真谛。通过前面几节的实践与归纳总

·109·

结，更好地理解盒子模型等理论知识，并通过扎实的理论来指导实践，完成 IPanda 网页，不仅能系统性地掌握所学知识，将它们用于实践，还能事半功倍。

【练习要求】

在一般网站中，网页中均包含横向导航菜单、主体内容、底部版权信息等。其中，主体内容经常使用 <div>、<article>、<aside> 标签实现图文并茂的网页效果。利用所学知识完成如图 7-5 所示的网页，步骤如下。

（1）下载相关素材，包括文字、图像等。

（2）新建一个项目，并在项目中新建一个图像文件夹，此处名为 ipanda-img。

（3）新建网页文件，分别在 head 部分与 body 部分输入对应的 CSS 样式代码与 HTML 代码。在编写代码过程中，要经常查看网页运行结果，分析代码的含义，并举一反三，有助于巩固知识。

◎ 图 7-5 IPanda 网页

完整的 IPanda 网页的参考代码如下。

```
<!doctype html>
<html>
  <head>
    <meta charset="utf-8">
    <title>Ipanda 频道 </title>
    <style>
      body{
        background-color:#FEF; /* 网页背景 */
      }
```

```css
#wrapper{ width:60em;
    /*background-color:#FFCEFF; 容器背景 */
    margin:auto;}
#begin {
    border: 1px solid #CCC;
}
.picleft{
    float:left;
    margin-right:0.5em;
    margin-bottom:0.5em;
}
.picright{
    float:right;
    margin:0.5em;
    margin-left:0.5em;
    margin-bottom:0.5em;
}
article{ /* 左边块，或者使用 .leftbar 或 #leftbar 结合 div 元素的方法 */
    border: 1px solid #CCC;
    background-color:#EEE;
    margin:1em;
    padding:1em;
    float:left; width:45%;
    background-color:#EEE;
}
aside{ /* 右边块，或者使用 .rightbar 或 #rightbar 结合 div 元素的方法 */
    border: 1px solid #CCC;
    margin:1em;
    padding:1em;
    float:right;width:30%;
    background-color:#EEE;
}
footer{ clear:both;}
#begin ul{ padding:0px; /* 使用无序列表实现导航菜单 */
    margin:0px;
    list-style-type:none;
}
#begin ul li{width:6em; /* 每项的宽度 */
    text-align:center;
    line-height:1.5em;
    float:left; /* 横排 */
}
#begin ul li a {
    display:block; /* 超链接背景颜色块级显示 */
```

```
            text-decoration: none;
            padding:2px;
   }
        #begin ul li a:link, #begin ul li a:visited{
            background-color:#039;
            color:#FFF; }
        #begin ul li a:hover{
            background-color:#C4E1FF;
            color:#039;}
     </style>
  </head>
  <body>
   <header>
      <h3> 熊猫频道 </h3>
   </header>
   <main id="wrapper">  <!-- 此处使用 main 元素，或者使用 div 元素 -->
      <nav id="begin">
         <ul>
            <li><a href="#"> 首页 </a></li>
            <li><a href="#"> 熊猫观察 </a></li>
            <li><a href="#"> 熊猫直播 </a></li>
            <li><a href="#"> 直播中国 </a></li>
            <li><a href="#"> 长城直播 </a></li>
            <li><a href="#">CCTV</a></li>
         </ul>
      </nav>
      <article>
      <h3> 卧龙大熊猫 </h3>
      <img class="picleft" src="ipanda-img/panda1.png" width="282" height="168" />
         <p> 熊猫直播全新升级！新增卧龙核桃坪基地、都江堰基地和卧龙自然保护区大熊猫监测基地"臭
水"的直播。这三个基地的直播各有特色：卧龙核桃坪基地的熊猫野性十足    >>>  选我；都江堰基地的熊
猫明星范儿十足    >>>   选我；在卧龙自然保护区大熊猫监测基地"臭水"，游客能欣赏美景，更有机会目
睹野生大熊猫和其他珍稀野生动物出没    >>> 选我 </p>
      </article>
      <aside>
         <img src="ipanda-img/goldenmonkey1.jpg"class="picright" width="150" height ="100" />
         <h3> 神农架金丝猴 </h3>
         <p> 作为大熊猫的好朋友，金丝猴这种国家一级保护动物是猴子中的珍稀物种，具有金色的毛发、
独特的面部特征、翘翘的鼻子和大大的眼睛。它们在自然界中扮演着重要的生态角色，需要我们共同保护
和呵护。在神农架大山里的金丝猴科研基地，请继续关注它们的精彩生活……
      </aside>
         <footer><img src="ipanda-img/logo.png" width="256" height="86" />Copy right&copy;2021—2024
ZYF_ipanda. 机电学院备 20210001 号 </footer>
      </main>
```

```
</body>
</html>
```

7.4.3　常见问题 Q&A

（1）必须在 IPanda 网页中使用 <article>、<aside> 标签吗？

答：不必须，可以使用普通 <div> 标签并结合类选择器或 ID 选择器来代替，只是 <div> 标签没有明确的语义，而 <article> 与 <aside> 是语义化结构标签。

（2）在图 7-5 中，导航菜单上部分的装饰线是怎么实现的？

答：IPanda 网页有主体部分，这个主体部分包含导航菜单、左边块、右边块、底部版权信息块。因此，为主体部分的 #wrapper 添加 border-top 属性的 CSS 样式，就能实现该装饰线。

7.5　理论习题

一、选择题

1．假设在 IPanda 网页中，使大熊猫图像在 #leftbar 左边块中，并要求图文靠左混排，具有虚边框线、背景颜色，则以下 CSS 样式设置正确的是（　　　）。

A.

```
#leftbar img {
    background-color:#FF9;
    border-style: solid;
    padding:5px;
    float:left;
}
```

B.

```
#leftbar img {
    background-color:#FF9;
    border: solid 2px #000;
    padding:5px;
    float:left;
}
```

C.

```
#leftbar img {
    background-color:#FF9;
    border-style: dashed;
    margin:5px;
    float:left;
}
```

D.

```
#leftbar img {
    background-color:#FF9;
    border: dashed 2px #000;
    padding:5px;
    float:left;
}
```

2．在标准流中，如果有

```
<div id="CA">
    <div id="CB">BBB</div>
    <p>AAA</p>
</div>
```

则 p 元素与 id 为 CB 的 div 元素是（　　）关系。

    A．父子关系

    B．套接关系

    C．上下关系

    D．兄弟关系

3．（　　）CSS 样式设置不能使元素脱离标准流。

    A．float: none;

    B．display: flex;

    C．position: absolute;

    D．float: right;

4．使用 float 属性，可以方便地实现（　　）。

    A．图文混排

    B．无序列表导航菜单横向排列

    C．左右布局页面

    D．以上都是

二、思考题

1．什么是 DOM 树？

2．什么是标准流？脱离标准流的方法有哪些？

3．根据盒子模型，一个网页元素的宽度由哪几部分组成？

4．如何知道一个网页元素是块级元素，还是内联/行内元素？

5．如何将行内元素转换为块级元素和将块级元素转换为行内元素？

6．如何实现在不同的块中设置不同的超链接样式？

7．为什么 clear 属性通常与 float 属性结合使用？

第 8 课　position 位置属性

【学习要点】

- position 位置属性。
- relative 与 absolute 属性值。
- 叠放层与精确定位。

【学习预期成果】

了解并掌握 position 位置属性的使用方法，以及 relative 与 absolute 属性值的使用方法与特性；能够利用 position 位置属性进行网页元素的叠放与精准定位。

网页中叠放元素的功能需要通过 CSS 中的 position 位置属性，并结合 z-index 等属性来实现。position 与 float 是 CSS 布局中最基本的两个属性。float 属性虽然能够让网页元素水平排列，但无法用于需要精确和灵活定位的层叠式容器的场景，而 position 位置属性不仅能精确和灵活定位，还能解决网页元素的层叠问题。

扫一扫

Postition 属性

8.1 叠放层与漂浮层

我们经常会在网页中看到漂浮的广告框或叠放的层。当需要叠放
网页元素时，往往利用 position:absolute; 把一个网页元素放在另一个网页元素的上方。漂浮
层是叠放层的一个应用，需要结合 JavaScript 代码使其按照特定规则在页面中浮动来实现。
漂浮 JavaScript 代码详见第 12 课。

8.1.1　position 位置属性

position 位置属性用于控制网页元素的定位与层叠，其可选属性值如下。
- static（默认）：在标准流中，未设置时的默认效果。
- relative：相对位置属性。
- absolute：绝对位置属性。
- fixed：固定属性。
- sticky：黏性定位属性。

absolute 属性值较为常用，能实现网页元素的叠放。为了保证容器（父元素）与其子元素的父子关系，absolute 属性值通常与 relative 属性值结合使用，即将父元素的属性设置为 position:relative;，子元素的属性设置为 position:absolute;。

fixed 属性值常用于网页中需要保持在固定位置的元素，如广告框、头部导航部分、底部版权信息部分，以保证页面滚动时在窗口中可见。

sticky 黏性定位的元素会根据用户滚动窗口的情况进行定位，可以在 position:relative 与 position:fixed 之间切换。当元素在屏幕内时，它表现为 position:relative;，而当页面超出目标区域时，它会像 position:fixed; 一样将元素固定在目标位置。

```
div.sticky {
    position: -webkit-sticky; /* -webkit 前缀作用于 Safari 浏览器 */
    top: 0;
    position: sticky; /* 黏性定位，结合 top:0;，使该 div 元素定位在网页最上方
    background-color: green;
    border: 2px solid #4CAF50;
}
```

8.1.2　z-index 属性

z-index 属性用于层叠的高度，其值越大，元素越在上方，通常与 position 属性结合使用。
常用的实现叠放层的方法是定义一个选择器，并为该选择器设置绝对位置属性的 CSS 样式，即需要做到以下 3 点。
（1）定义一个 ID 选择器。

（2）设置位置属性 position:absolute;。

（3）设置 z-index 属性值。

例如：

```
#apDiv1 {
    position:absolute;  /* 绝对位置属性 */
    left:410px;  /*X 方向，坐标的顺序为从左到右 */
    top:32px;  /*Y 方向，坐标的顺序为从上到下 */
    width:144px;  /* 宽度值 */
    height:141px;  /* 高度值 */
    z-index:1;  /* 层叠值 */
}
```

一旦定义了该 ID 选择器，使用这个 id 的 div 元素就可以具备这个选择器中的属性。例如：

```
<body>
    <div id= "apDiv1"> 层内内容 </div>
</body>
```

例如，通过以下属性可以将图 9-1 中右边讨厌的广告条相对于网页定位在右边居中的位置。另外，将 position 位置属性的值改为 fixed 也可以实现相对于窗口（视口）的固定定位。

```
position:absolute;  /* 讨厌的广告条，相对于网页的定位 */
/* position:fixed; */  /* 讨厌的广告条，相对于视口的定位 */
right: 0;
top: 50%;
```

8.2　基于 relative 与 absolute 属性值的精确定位

除了利用 z-index 属性确定层叠高度顺序，叠放层应用的另一个关键因素是精确定位。此时，一定要结合元素之间的父子关系、兄弟关系，明确网页元素的层级关系，以及子元素的 top/bottom 和 left/right 属性值，以实现精确定位。

精确定位叠放层元素的常见做法如下。

（1）在 HTML 代码中确保 DOM 模型中的父子关系，即对应父元素（容器）与子元素之间的父子关系。

（2）定义 ID 选择器或类选择器，并设置宽度、高度、背景颜色等常规的 CSS 样式。

（3）分别设置父元素选择器、子元素选择器的 position 位置属性。

* 将父元素设置为相对位置属性，即 position:relative;。
* 将子元素设置为绝对位置属性，即 position:absolute;。

（4）将子元素的位置属性设置为具体值。

* top/bottom：百分比或像素数值
* left/right：百分比或像素数值

例如，有以下网页 HTML 代码：

```
<div id= "father"> <!-- 父元素开始 -->
  <div id= "son"> <!-- 子元素开始 -->
  子元素内容
  </div> <!-- 子元素结束，与父元素成父子关系 -->
</div> <!-- 父元素结束 -->
```

其 CSS 样式代码为

```
#father{
    position:relative; /* 确保父子关系 */
    margin:0 auto; /* 宽度为 800px，页面居中 */
    width: 800px; /* 指定宽度 */
    height: 400px; /* 指定高度 */
    background-color: lightblue; /* 设置背景颜色 */
}
#son{
    position:absolute; /* 子元素是绝对位置的叠放层 */
    width: 200px;
    height: 150px;
    background-color: red;
    top: 0px; /* 位置在最上方 */
    right: 0px; /* 位置在最右边 */
}
```

上述代码的运行结果是当缩放浏览器窗口时，#father 父元素将保持居中移动，而 #son 子元素一直在父元素的右上角，并随着父元素移动。

需要注意的是，必须设置 #father 父元素的 position 位置属性来保证 #son 子元素在父元素中的相对位置。如果不设置该父元素的 position 位置属性，则 #son 子元素将相对于浏览器窗口进行定位。读者可以尝试在删除父块元素 position 位置属性后，查看运行结果，并比较设置与不设置 position 位置属性的不同。

8.3　每课小练

扫一扫

叠放扑克牌

8.3.1　练一练：通过四角定位扑克牌

扫一扫

四角定位

【练习目的】

- 掌握网页中容器的应用。
- 掌握绝对位置属性、相对位置属性的应用。
- 进一步理解并掌握块级元素的父子关系与兄弟关系。

【思政天地】规则意识，科学分析与归纳

坚持守法守规是每个法治国家公民的基本素养，增强规则意识，要养成遵守规则的习惯。

position 位置属性的应用是重点也是难点，通过遵循代码规则，并将内容化繁为简，各个击破，不仅可以顺利完成任务，还可以提高规则意识。

【练习要求】

分步骤完成如图 8-1 所示的网页效果，并保存过程文件。其中，网页效果依次为叠放、窗口四角定位和容器四角定位。

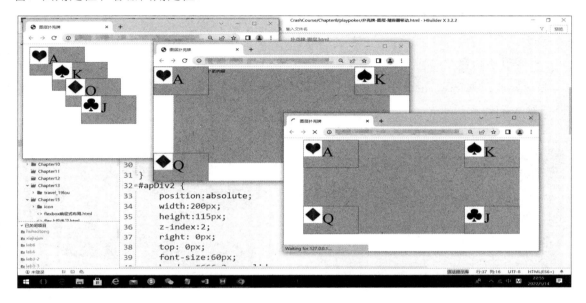

◎ 图 8-1　使用 position 位置属性实现的叠放与四角定位

（1）在网页中添加 4 个 div 元素，作为 4 张叠放的扑克牌，并添加对应扑克牌花色图案，方法不限，可选择直接插入图像，或者将图像作为背景。完成后查看运行结果。

（2）添加一个 div 元素作为容器，并设置该容器的长度、宽度、背景颜色，以及 position 位置属性，将 4 张扑克牌进行四角定位。完成后查看运行结果，并分析使用与不使用 position: relative; 的区别。

（3）充分理解块级元素的父子关系与兄弟关系，分析 position: absolute; 与 float:left; 对网页元素影响的异同。

【拓展知识】

知识：position 位置属性的优先级较高于 float 属性。

修改 4.4 节中的扑克牌网页，在原来每张扑克牌的 ID 选择器中添加 position:absolute;，利用 top/bottom、left/right 设置扑克牌的精确位置。注意：务必将扑克牌的父元素设置为 position:relative;，以保证扑克牌与其父元素的父子关系。通过这种方式同样能实现 4 张扑克牌并排的效果。

读者可以发现，此时 float 属性已经无效，是否删除 float 属性都不会影响运行结果，即在同时使用 float 属性与 position 位置属性时，position:absolute; 的优先级较高，会使 float:left; 失效。

8.3.2 试一试：使用 position 位置属性实现叠放层的应用

【练习目的】

- 进一步掌握 z-index 属性的使用方法。
- 掌握 opacity 属性的使用方法。
- 了解并基本掌握 transform 变形属性等的使用方法。

【练习要求】

1. 通过透明叠放层制作扇形相册

新建网页，使用 position 位置属性进行叠放，使用 transform 变形属性进行变形，制作如图 8-2 所示的扇形相册。

（a）叠放层

（b）图像旋转一定角度

◎ 图 8-2　扇形相册

（1）布局：父元素使用 position:relative;，子元素使用 position:absolute; 叠放图像，并使用 z-index 属性控制叠放顺序。

（2）添加 opacity 属性，用于设置透明度，如图 8-2（a）所示。

（3）应用 transform: rotate(5deg);，使对应图像旋转一定的角度，如图 8-2（b）所示。其中，5deg 表示顺时针旋转 5°。

【拓展与提高】

（1）添加 :hover 选择器实现当鼠标指针悬停时扇形展开的角度更大。

（2）使用 transform-origin 属性确定旋转中心的位置。

（3）使用 transition 过渡属性实现逐渐展开效果。

2. 利用叠放层设计景点地图

在浙江省地图中，当将鼠标指针移动到"杭州"的位置时，会显示杭州的风景介绍；当将鼠标指针移动到"宁波"的位置时，会显示宁波的介绍。

（1）在网页中添加地图图像文件。

（2）利用 position:absolute;，并结合精确定位方法，将地理风景介绍 div 元素进行叠放和精准定位。

（3）设置叠放层的透明度。

【拓展与提高】

读者自行添加相关代码，实现当初始状态时隐藏叠放层，当鼠标指针悬停时显示叠放层。

提示：可以使用 CSS 样式或 JavaScript 特效代码。

8.3.3　常见问题 Q&A

（1）为什么不能使用鼠标拖动叠放层，只能使用 top、left 等属性控制叠放层吗？

答：在 HBuilderX 中无法使用鼠标拖动叠放层，但是在一些其他 IDE 中，如 Dreamweaver 等，可以在设计视图中使用鼠标拖动叠放层，而其对应的 top、left 属性值也将随着变化。

（2）在编写扇形相册的网页代码时，为什么使用 CSS3 中的 transition 等属性，而不是 JavaScript 代码？

答：使用 CSS3 中的 transition 等属性能够快速实现简单的动画，这是 CSS3 的优点之一，而 JavaScript 代码能够实现十分复杂的动画，但这里使用 CSS3 样式就足够了。读者也可以自己尝试用 JavaScript 代码来实现扇形展开效果。

8.4　理论习题

一、选择题

1. 已知有以下的网页元素代码，使用 position 属性进行精准布局，让 #son 子元素在 #father 父元素的右上角，（　　　）做法是正确的。

```
<!-- 网页元素代码 -->
<div id=father>
    <div id="son">son</div>
</div>
```

A.

```
/*CSS 样式代码 */
#father{ ……/* 定义宽度和高度 */
    position:none;}
#son{ ……/* 定义宽度和高度 */
    position:relative;
    right:0px;
    top: 0px;
}
```

B.

```
/*CSS 样式代码 */
#father{ …… /* 定义宽度和高度 */
    position:relative;}
#son{ …… /* 定义宽度和高度 */
```

```
        position:absolute;
        right:0px;
        top: 0px;
    }
```

C.

```
/*CSS 样式代码 */
#father{ ……/* 定义宽度和高度 */
    position:none;}
#son{……/* 定义宽度和高度 */
    position:relative;
    right:0px;
    top: 0px;
```

D.

```
/*CSS 样式代码 */
#father{ ……/* 定义宽度和高度 */
    position:relative;}
#son{ ……/* 定义宽度和高度 */
    position:relative;
    left:100%;
    top: 0px;
}
```

2．当需要制作叠放的扑克牌网页时，（　　　）说法是错误的。

A．除了需要定义扑克牌的宽度、高度、背景颜色，还需要添加扑克牌的 position、index 属性

B．一般需要设置全部扑克牌的属性为 position:absolute;

C．在设置 z-index 属性时，越在上面的扑克牌，其值越大

D．只能使用 top、left 这两个属性对扑克牌进行精确定位

3．在 8.1.2 节定义 # apDiv 的代码中，对于 apDiv（层）的说法错误的是（　　　）。

A．apDiv 是一个单独的标签，与 h1、p 相似

B．由于 apDiv 使用了 position:absolute;，因此其脱离了标准流，在 Dreamweaver 设计视图中是可以被鼠标拖动的

C．通常使用 top/bottom、left/right 属性来定位 apDiv 在父元素中的位置

D．当多个 apDiv 叠放时，其 z-index 属性值越大，越在上面（越可见）

二、思考题

1．常用的 position 位置属性的值有哪几个？分别说明这些值的功能与用法。

2．对一个子元素进行相对于父元素的精确定位需要做哪些事情？

3．如何保证让一个漂浮层在网页上方可见（不会跑到网页元素下方）？

4．如何实现 div 块的叠放？叠放 / 可见的顺序由哪个属性来决定？

5．如何实现当页面滚动超出目标区域时，某个元素固定在目标位置（一直可见）？

第 9 课　CSS+DIV 固定宽度的页面布局

【学习要点】

- 固定宽度的 float 左右布局。
- "3O"原则。
- 使用 float 属性与 position 位置属性进行混合布局。

【学习预期成果】

进一步巩固设置 CSS 样式的方法，能够使用 float 属性与 clear 属性进行 CSS+DIV 左右布局，能够使用 float 属性与 position 位置属性进行复杂的页面布局。

float 属性与 position 位置属性是 CSS 布局中最基本的两个属性，但是无论是一般固定宽度的页面布局，还是后面详细叙述的响应式页面布局，都应优先使用 float 属性，再使用 position 位置属性作为辅助布局属性。在制作网页时要遵守"3O"原则，才能事半功倍。

扫一扫

CSS+Div 固定宽度布局
与 3O 原则

9.1 float 左右布局

使用 float 属性进行左右版式的页面布局是 CSS+DIV 页面布局最常用的一种方法。使用 ID 选择器或类选择器定义布局块的位置及其他必需的 CSS 样式，通常需要设置以下内容。

- 网页背景（body）。
- 外部容器总体居中（#container）。
- 网页头部（header 与 #banner）。
- 网页导航菜单（#links）。
- 左布局块（#leftbar，或者左边内容块 #left-content）。
- 右布局块（#rightbar，或者右边内容块 #right-content）。
- 底部（footer）。

使用 float 属性进行左右布局相关的 HTML 代码如下。

```
<body>
  <div id="container"> <!-- 最外层容器开始 -->
    <header> <!-- 网页页眉部分，该标签不是必需的 -->
      <div id="banner"> 插入头部装饰内容 </div>
      <nav id="links"> 插入导航内容 </nav>
    </header>
    <div id="leftbar"> 左边部分内容 </div>
    <div id="rightbar"> 右边部分内容 </div>
    <footer id="copyright"> 底部内容…… </footer>
  </div> <!-- 最外层容器结束 -->
</body>
```

需要注意的是，使用 <nav id="links"> 插入导航内容 </nav> 与使用 <div id="links">……</div> 的效果是一样的；使用 <footer id="copyright"> 底部内容……</footer> 与使用 <div id="copyright"> 底部内容……</div> 的效果是一样的，但不建议使用 <div id="copyright"> 底部内容……</div>。

在 CSS 样式设置中，先为容器添加一定的宽度并将其居中，再使用 float 属性对 #leftbar、#rightbar 进行左右布局，并将 footer 的 CSS 样式设置为 clear:both; 以保证 footer 在左、右布局块的下方。需要注意的是，在对左、右布局块的宽度进行取值时，其宽度之和不能超过容器的宽度。在最简单的左右布局页面中，布局块的 CSS 样式代码参考如下，此处使用的是 ID 选择器，读者可以使用类选择器。

```
<style>
  #container{ // 容器，用于指定有效页面的宽度，并使其居中对齐
    width: 1000px;
```

```
        margin:0px auto;
    }
    #leftbar{    // 左布局块，靠左浮动
        width: 400px;
        float: left;
    }
    #rightbar{    // 右布局块，靠右浮动
        width: 600px;
        float: right;
    }
    footer{    // 底部块，清除 float 属性的影响，保证该块在下方
        clear: both;
    }
</style>
```

大多数页面布局比上述的复杂，但是百变不离其宗，只要深刻领会并掌握最基本的左右布局方法，复杂问题都可以化繁为简。

【拓展知识】

知识 1：使用百分比宽度进行左右布局。

在上述代码中，对左、右布局块使用百分比宽度，即将 #leftbar 的宽度设置为 width:40%;，#rightbar 的宽度设置为 width: 60%;，这两种布局方式的结果是一样的。

知识 2：max-width 属性的使用方法。

实际上，有些网页不是使用 width 属性来设置有效页面宽度的，而是使用 max-width 属性。将上述 #container 的代码改为如下代码，当浏览器窗口的宽度大于 max-width 属性的值时，网页将居中，否则该网页将显示实际的内容宽度，此时浏览器窗口左右方向不会出现滚动条。

```
#container{    // 指定有效页面的宽度，并居中
    max-width: 1000px;
    margin:0px auto;
}
```

需要注意的是，如果使用百分比宽度进行页面布局，通常内部的布局块均需要采用百分比宽度，否则会导致类似于"出现不必要的滚动条"等效果。

9.2　float 左中右布局

使用 float 属性进行左中右布局的方法与使用该属性进行左右布局的方法十分相似，都可以使用前两个布局块向左浮动，第三个布局块向右浮动的方法来实现，CSS 样式代码如下。

```
#leftbar{
    width: 25%;
```

```
    float: left;
}
#middlebar{
    width: 50%;
    float: left;
}
#rightbar{
    width: 25%;
    float: right;
}
```

底部的 footer 可以通过使用 clear: both;，或者使三个布局块全部靠左浮动来实现。

需要注意的是，如果使两个布局块靠右浮动，则文档流中先出现的布局块将展现在最右边。

9.3　position 弹性左中右布局

虽然采用 position 位置属性进行整体页面布局并不常见，但是通过下面的例子，读者更加容易理解 position 位置属性的应用。整个页面分上部、中间主体部分、底部，其中中间主体部分又分为左、中、右结构，并且宽度在一定的范围内是有弹性的，如图 9-1 所示。

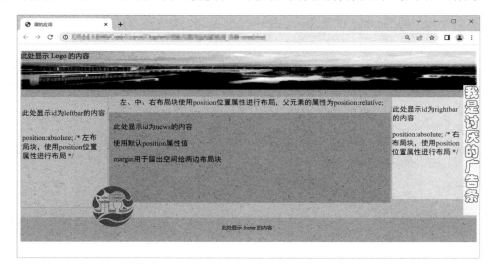

◎ 图 9-1　position 位置属性的应用

这里的 #mainbox 是左、中、右布局块的父元素，而左、右布局块分别使用 position:absolute; 绝对位置属性进行精确定位，中布局块使用默认位置属性，并通过 margin 外边距属性在左右两边各留出空间给两边布局块，HTML 代码如下。

```
<div id="mainbox"> <!--mainbox 开始，父元素 -->
    <p align="center" > 左、中、右布局块使用 position 位置属性进行布局，父元素的属性为 position:relative;
    </p>
```

```
<div id="leftbar">  <!-- 左布局块，使用 position 位置属性进行布局 -->
   <p> 此处显示 id 为 leftbar 的内容 </p>
   <p>position:absolute; </p>
   <p> </p>
   <p> </p>
   <p> </p>
</div>
<div id="news">
   <p> 此处显示 id 为 news 的内容 </p>
   <p> 使用默认 position 属性值 </p>
   <p>margin 用于留出空间给两边布局块 </p>
   <p> </p>
   <p> </p>
</div>
<div id="rightbar">  <!-- 右布局块，使用 position 位置属性进行布局 -->
   <p> 此处显示  id 为 rightbar 的内容 </p>
   <p>position:absolute; </p>
   <p> </p>
   <p> </p>
   <p> </p>
</div>
<p> </p>
</div>  <!--mainbox 结束 -->
```

CSS 样式代码中对应 ID 选择器的定义如下。

```
#mainbox{
   max-width:1200px;
   text-align:left;
   position:relative;  /* 父元素，使用 position 位置属性进行布局 */
   background-color:#FCF;
}
#leftbar{
   width:200px;
   position:absolute;  /* 左布局块，使用 position 位置属性进行布局 */
   top:0px;
   left:0px;
   border:#6CF 1px solid;
   padding:10px 3px;
   background-color:#00FF80;
}
#news{       /* 中布局块，使用默认 position 属性值进行布局 */
   margin:0px 205px 0px 205px; /* 两边各留出 205px 的边距，以便放置左、右布局块 */
   text-align:left;
   padding:5px 10px;
```

```
    border:#6CF 1px solid;
    background-color:#ffaa7f;
}
#rightbar{ width:200px;
    position:absolute;   /* 右布局块，使用 position 位置属性进行布局 */
    top:0px;
    right:0px;
    background-color:#BBFDE6;
    border:#6CF 1px solid;
}
```

根据前述知识，读者应该明白在使用 CSS 选择器进行布局时，将 ID 选择器改为类选择器，结果是一样的。具体做法是将定义 ID 选择器的"#"改为"."，使其变为类选择器，并在引用该选择器时将标签中的"id"改为"class"。

9.4 固定宽度的混合布局

在实际的页面布局中，往往页面比较复杂，不仅包含上中下结构、左中右结构，还需要综合各种布局块，这时可以采用 float 属性与 position 位置属性进行混合布局。例如，在第 13 课杭州 19 楼网页的布局中，除了主要布局使用 float 属性进行左右布局，小的布局使用 position 位置属性进行精确定位布局更加方便。图 9-2 所示为使用 float 属性与 position 位置属性进行混合布局。

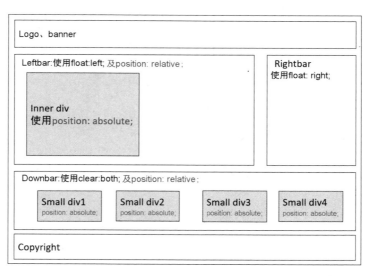

◎ 图 9-2 使用 float 属性与 position 位置属性进行混合布局

图 9-2 展示的是一个比较常见的页面布局，要完成这样的布局页面，可以参考以下步骤。

（1）主要框架与结构使用 float、clear 属性进行布局，即整体采用 float 属性进行左右布局，大左边块 Leftbar、大右边块 Rightbar、底部 Downbar 使用 clear 属性进行布局。

（2）大左边块中轮换图像所在的 Inner div 块使用 position 位置属性进行布局，并进行精确定位。

（3）Downbar 块中的 4 个图像 div 块也使用 position 位置属性进行布局，并进行精确定位。

（4）如果网页中有叠放层、具有透明度的叠加块，也需要使用 position 位置属性进行布局。

从图 9-2 中可以看出，Leftbar 块与 Downbar 块作为使用 position 位置属性进行布局的父元素，都必须使用 position:relative;，这样做既可以保证其与使用 absolute 属性值的子元素之间的父子关系，又不影响大布局。

需要注意的是，实际上 Downbar 块中的 4 个图像 div 块，也可以使用更加高级的布局方法，如使用第 16 课中的 Flexbox 伸缩盒技术进行均匀水平布局，效率更高。

9.5　网页制作的"3O"原则

好的网页除了具有一个好的平面设计，合理且有效地布局也是十分重要的，首先要仔细分析页面的整体布局、细节布局，然后考虑使用哪种布局框架，哪些 CSS 样式属性，最后逐步完成整个页面。遵循以下"3O"原则，注意代码的规范，添加必要的代码注释，养成一个良好的制作习惯，能事半功倍。

- 从全局到局部（Overall->Part）。
- 从外到内（Outside->Inner）。
- 从粗到细（Outline->Detail）。

9.6　每课小练

9.6.1　练一练：float 左右布局基本框架

【练习目的】

- 掌握利用 <div>、<nav>、<footer>、<header> 等标签进行左右布局的方法。
- 进一步掌握 float 与 clear 属性的应用。
- 了解一般左（中）右布局的方法与特点。

【思政天地】绿色、开放、共享、系统性，讲求效率，做到事半功倍

绿色、开放、共享是数字时代的一个优势，也是组建复杂系统的基础。复用代码可以让很多事情事半功倍，极大地提高效率。很多网页采用左右布局，建立一个基本的左右布局框架，并重复使用该框架，是一个很不错的做法。

【练习要求】

完成如图 9-3 所示的左右布局网页，制作过程如下，但不限于此顺序。

（1）为不同的布局块添加 ID 选择器或类选择器，并设置属性。

（2）设置 body 的 CSS 样式。

（3）插入不同的布局 <div> 标签，或者对应的 <header>、<footer>、<nav> 等语义化结构标签，并注意它们的位置与顺序。

（4）在各个布局块中添加其他网页元素。

（5）调整网页元素的位置、大小，直至合适，即细节实现。

◎ 图 9-3　左右布局网页

制作如图 9-3 所示的左右布局网页，主要 CSS 样式代码如下。

```
<style>
  .fullpage{
    width:980px;
    margin:auto;
    background-color:#CCC;}
  #navi{
    background-color:#B9FFDC;
    height:80px;}
  .leftbar {
    background-color:#FDD9FC;
    float:left;
    width:600px;}
  .rightbar {
    float:right;
    width:380px;
    background-color:#66C;}
  footer {
    clear:both;
    background-color:#C6C;}
</style>
```

HTML 代码如下。

```html
<body>
  <div class="fullpage"> <!--fullpage 开始 -->
    此处显示 fullpage 的内容
    <header>
      此处 header 放网站 Logo
      <nav id="navi">
        <ul >
          <li> <a href="#">11111</a></li>
          <li> <a href="#">22222</a></li>
          <li> <a href="#">33333</a></li>
        </ul>
      </nav>
    </header>
    <div class="leftbar">
      <h2> 这是左边块标题 </h2>
      <p> 左边段落 </p>
      <p> 左边段落 </p>
      <p> 左边段落 </p>
      <p> </p>
    </div>
    <div class="rightbar">
      <p> 此处显示 class 为 rightbar 的内容 </p>
      <p> </p>
      <p> </p>
      <p> </p>
    </div>
    <footer>
      <p>footer 网页尾部 </p>
      <p> </p>
    </footer>
  </div> <!--fullpage 结束 -->
</body>
```

9.6.2　练一练：使用 float 属性与 position 位置属性进行固定宽度混合布局

【练习目的】

- 进一步掌握使用 float 属性进行左右布局的方法。
- 掌握在网页中使用 position 位置属性进行精确定位的方法。
- 掌握使用 position:absolute; 水平排列若干个 div 块。
- 区分并掌握 fixed 与 absolute 属性的异同。

【练习要求】

修改如图 9-3 所示的左右布局页面，添加 Downbar 块及其内部 4 个叠放层，使用 position 位置属性进行精确定位与布局（见图 9-4），并通过设置 fixed（或 absolute）属性值的方法添加右边讨厌的广告条。

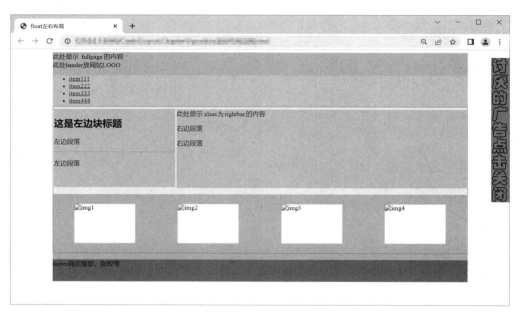

◎ 图 9-4 使用 position 位置属性进行精确定位与布局

【拓展知识】

知识 1：页面中意外出现的空白的处理方法。

由于不同浏览器或系统的解释不同，有时页面元素之间会出现空白，初学者可以忽略这种空白，也可以通过通用选择器 "*" 将其清除，即在 CSS 样式中添加：

*{margin: 0; padding:0;}

此时，将清除所有元素的内、外边距，但需要重新设置各个网页元素的内、外边距，以便更好地控制布局和排版。

知识 2：其他均匀分布的方法。

使用 position:absolute; 均匀分布几个子块，需要精确计算这些子块在父元素中的位置。这种方法比较麻烦，但使用第 16 课的 Flexbox 伸缩盒技术会非常简单。

9.6.3　学以致用：简化版杭州 19 楼网页

【练习目的】

· 掌握常见网页 float 左右布局的方法。

· 进一步掌握在网页中使用 position 位置属性进行精确定位的方法。

· 初步掌握分析一般页面布局结构的方法。

【练习要求】

读者在浏览网站时经常会看到不同布局的网页，分析并简化这些网页，以进行页面制作的练习。图 9-5 所示的就是经过分析后杭州 19 楼网站中一个网页的简化版，结合 9.6.2 节中的布局方法制作该页面。另外，可以使用 float 属性或 position 位置属性使 Downbar 块中的 4 张图像水平排列。使用第 16 课中的 Flexbox 伸缩盒技术可以实现 4 张图片水平排列，这种方法更加先进和高效。

◎ 图 9-5　杭州 19 楼旅游网页简化版

9.6.4　常见问题 Q&A

（1）为什么在制作如图 9-1 所示的网页时，单独看 Logo 图像是圆形的，而当其叠放在网页元素上时，却是具有白色底的方形图像？

答：想要实现以上效果，需要把图像处理为透明的，并且扩展名是 .png，不能是 .jpg。

（2）为什么在制作过程中网页会变得混乱，应该怎么办？

答：一种做法是检查每个布局块或网页元素的闭合标签，布局块或网页元素之间是否是正确的父子关系或兄弟关系；另一种做法是对每个布局块添加背景颜色，必要时设置属性 overflow:hidden;，并检查布局块内部的网页元素，以及各个布局块之间的位置关系。

（3）怎样关闭图 9-4 中的广告条？

答：需要用到以下 JavaScript 代码。具体做法是通过 id 获得广告条的网页元素，并利用单击事件 onclick 中的代码，将广告条 CSS 样式的 visibility 设置为隐藏不可见（hidden）。关于 JavaScript 的基础知识，详见第 11 课。

```
<div id="adv1" onclick="closeAdv()" > <!-- 指定该广告条的 id，在单击时调用函数 -->
  <!--JavaScript 代码嵌入开始 -->
  <script>
    function closeAdv() // 定义一个关闭广告条的函数
    {
      var adv1=document.getElementById("adv1"); // 通过 id 获取广告条对象
      adv.style.visibility="hidden"; // 将该广告条的样式设置为不可见
    }
  </script> <!--JavaScript 代码嵌入结束 -->
  讨厌的广告单击关闭
</div>
```

9.7　理论习题

一、选择题

1.　（　　）选择器名称不适合作为网页最外层容器的名称？

　　A．#container　　　　B．#top-nav　　　　C．.wrapper　　　　D．.all

2.　（　　）不能将 4 个 div 块水平排列？

　　A．设置 4 个 div 块的属性为 position:absolute;，并且设置其父元素的属性为 position:relative;

　　B．设置 4 个 div 块的属性为 float:left;

　　C．4 个 div 块宽度之和小于其父元素宽度即可

　　D．使用 Flexbox 伸缩盒技术

3.　（　　）不是网页制作的 "3O" 原则。

　　A．Overall->Part　　　　　　　　B．Output->Input

　　C．Outside->Inner　　　　　　　　D．Outline->Detail

4.　在以下关于 CSS+DIV 网页设计的说法中，（　　）是正确的。

　　A．在 div 元素中使用 CSS 样式填充背景图像无法改变背景图像显示的位置

　　B．在 CSS 样式设置中，可以在 div 元素中使用 background-size 属性使背景图像根据所在块级元素的宽度进行缩放

　　C．在十年前的主流的网页设计中，通常使用有序列表（<ol>、<li>）标签来设计横向导航菜单

　　D．在网页中，如果主体部分采用三列布局，则不可以采用 float 与 clear 属性进行左中右整体页面布局

5.　在 CSS 属性中，关于 clear 属性的说法或用法（　　）是错误的。

　　A．在 CSS 属性中，使用 clear:both; 是保证第三个兄弟块在前两个兄弟块下方的唯一方法

　　B．clear 属性包括 both、left、right、none 等值

C．float 属性能够让块级元素脱离标准流，而 clear 属性的作用是清除 float 属性的影响

D．在传统 CSS+DIV 布局中，通常使用 float 与 clear 属性的方法进行左右布局

二、思考题

1．在 CSS+DIV 页面布局中，使用类选择器定义一个布局块，与使用 ID 选择器定义布局块有什么区别？

2．在 CSS+DIV 页面布局中，如何保证页脚的版权信息布局块在下方？

3．在左中右布局中，如何使 3 个布局块水平排列？

4．混合布局的原则是什么？

5．使用 CSS+DIV 进行页面布局有什么好处？

6．在固定宽度页面布局中，为什么一般需要确定整体页面宽度？

7．如何使整个网页的有效页面居中？

8．什么是网页制作的"3O"原则？

9．如何准确分析典型企业网站中的页面布局？

第 10 课　表单基础

【学习要点】

- 表单与表单对象。
- 常见的表单元素与属性。
- 表单的 CSS 样式设置。
- 验证表单数据。

【学习预期成果】

　　了解并掌握常见表单与表单对象的功能与应用，能设计与制作常用的表单页面，通过属性进行表单数据验证，了解如何使用基本的 JavaScript 代码进行表单数据验证。

　　虽然表单与表单对象在网页中不常见，但是表单依然是网站中不可缺少的一项内容。较为经典的表单应用是用户注册与用户登录，常见于包含服务功能的动态网站，如考试报名网站、政府服务网站、电子商务网站等。表单在网页中主要负责数据采集功能（如可采集访问者的名字、邮件地址、留言等），表单中的文本框、按钮等元素可以实现用脚本（Script）定义的功能（如网页版计算器等）。

10.1　表单与表单对象

10.1.1　什么是表单

表单是 Web 浏览器中重要的用户接口，常用于收集用户提供的相关信息，如会员注册、考试成绩查询等。一个表单由以下 3 个基本组成部分。

• 表单标签 <form>：包含处理表单数据所用程序的 URL（使用 action 属性来引用），以及数据提交到服务器的方法。

• 表单对象：也被称为表单域，包含文本框、密码框、多行文本框、复选框、单选按钮、下拉菜单 / 列表和文件上传框等。这些元素大多数使用 <input> 标签来创建，如 <input type="text"> 用于创建一个文本框。

• 表单按钮：分为提交按钮、复位按钮和一般按钮 3 种，<input type="submit"> 表示一个提交按钮。

form 元素的基本功能如下。

• 可以向服务器提交一些简单文本内容。

• 可以提交图像、文件等大量数据信息，如将注册信息提交到服务器进行处理。

图 10-1 所示的 QQ 用户注册页面就是一个常用的表单。

◎ 图 10-1　常用的表单

10.1.2　<form> 标签

<form> 标签是成对出现的，通常与表单对象（如使用 <input> 标签创建文本框等）结合使用。

```
<form name="form1" action="regist.asp" method="post">
  <input type= "text" name= "username">
```

```
······ <!-- 其他表单对象 -->
</form>
```

<form> 标签中除了包含 name 属性，还包含 method 与 action 属性，具体功能说明如表 10-1 所示。

表 10-1　name、method、action 属性的功能说明

名称	说明
name	表单的名字。通过该属性能获取表单内部的表单对象。如 document.form1.username.value 表示获取当前文件中表单内文本框的值（文本信息）
method	表单属性面板中的方法，表示递交表单的方式，包含以下两种。 post：发送过程相对安全，适合处理大数据量。 get：不进行任何处理，一次性发出，适合处理小数据量
action	表单属性面板中的动作，表示表单处理页面的路径，通常为一个表单数据处理文件，如 "regist. asp"、"signup.php" 等

10.1.3　表单对象

传统的表单对象主要包括文本框、多行文本框、复选框、单选按钮、下拉菜单、按钮等，最常用的是 <input> 标签。在使用过程中，通过 <input> 标签的 type 属性选择对应的表单对象来实现表单的功能。常见的 type 属性的类型包括 text、password、button、radio、checkbox、email、date、time、color、search、ragne 等。

1．<input> 标签

<input> 是较为常用的表单对象标签，提供了大量的表单对象，通过不同 type 属性的类型进行区分。例如：

```
<input type= "text" id= "username" name= "username" value= " " >
<input type= "button" id= "bt1" name= "bt1" value= " 按钮 " >
```

<input> 标签的重要属性如下。

- type：表单对象的类型，如文本框，按钮等。
- id：网页元素的唯一编号。
- name：表单对象的名称。
- value：根据表单对象不同，分别表示具体内容。

2．其他表单对象

除了可以使用 <input> 标签，表单对象还可以使用以下标签。

- 下拉菜单：<select > <option> ······ </option> </select>。
- 多行文本框：<textarea name="n"> ······ </textarea>。

常见的表单对象如表 10-2 所示。

表 10-2　常见的表单对象

序号	表单对象	HTML 代码示例	效果	备注说明
1	文本框	`<input type="text">`	单行文本abc	单行文本
2	密码框	`<input type="password">`	●●●●●●	输入密码文本
3	普通按钮	`<input type="button">`	普通按钮	按钮
4	提交按钮	`<input type="submit">`	提交	用于提交表单数据
5	重置按钮	`<input type="reset">`	重置	重置表单内容（恢复默认值）
6	单选框	`<input type="radio">`	◉	单项选择
7	复选框	`<input type="checkbox">`	☑	多项选择
8	文件域	`<input type="file">`		用于上传文件。单击文本域将打开上传文件对话框
9	图像域	`<input type="image" src="filename">`	提交	定义图像作为提交按钮。在正常情况下应显示图像，此处为未显示图像的效果
10	电子邮件	`<input type="email">`	mailbox@gmail.com	输入电子邮箱信息，HTML5新类型
11	日期	`<input type="date">`	August 2022	用于选择日期，HTML5 新类型
12	时间	`<input type="time">`	03:16 PM	用于选择时间，HTML5 新类型

序号	表单对象	HTML 代码示例	效果	备注说明
13	颜色	<input type="color">		打开拾色器面板，HTML5 新类型
14	搜索	<input type="search">	searching text	搜索框，HTML5 新类型
15	多行文本框	<textarea> area text here </textarea>	text area here	用于输入多行文本信息
16	下拉菜单 / 列表	<select> <option>Item1</option> <option>Item2</option> </select>	Item1 Item1 Item2	用于创建下拉菜单或列表

注：所有表单对象均作为表单（<form> 标签）的子元素而存在。

3．常见的 HTML5 表单对象属性

（1）type 属性。

如表 10-2 所示，大多数表单对象需要通过 <input> 标签并结合 type 属性来表示，其中第 10 ～ 16 个元素是 HTML5 标准中新增的 <input> 标签类型，实现了更方便的输入控制和表单数据验证。新增的 <input> 标签类型如下。

- date：日期类型。
- time：时间类型。
- search：搜索框类型。
- color：颜色类型。
- email：电子邮件类型。

当使用 email 类型时，会自动验证文本框内是否包含 @ 标志，如果不包含，则类型不符合，需要重新输入；当使用 date 或 time 类型时，将弹出对应的日期选择框或时间选择框；当使用 color 类型时，将打开拾色器面板。所有新的表单对象都更方便用户选取表单元素并获取其对应的值。

（2）placeholder 属性。

placeholder 属性用于设置用户在填写输入字段时的提示文字。例如：

<input type="email" name="EmailAddress" placeholder=" 请输入您的电子邮箱 ">

（3）autofocus 属性。

autofocus 属性用于设置在页面加载时输入字段是否获得焦点。例如：

<input type="search" name="SearchText" placeholder=" 请输入关键词 " required autofocus>

（4）required 属性。

在上面关于 autofocus 属性的 <input type="search"> 标签实例中，required 表示该搜索框的文本输入是必需的，并自动获得焦点。

10.2　注册登录表单实例

一个表单可以包含若干个表单元素，并且一般需要一个提交按钮（如"立即注册"按钮），用于将输入的信息作为数据进行提交。当提交表单后，会把数据提交给 action 属性指定的文件进行处理，并以某种方式回显处理结果。处理文件通常具有 .asp、.jsp、.php 等动态网站信息处理的扩展名。

制作一个如图 10-2 所示的基本注册登录表单网页，具体步骤如下。

（1）创建表单，指定表单提交方法（method）及表单处理页面动作（action）。

（2）设计并添加表单对象。

（3）编写表单验证程序。

（4）编写表单数据处理文件。

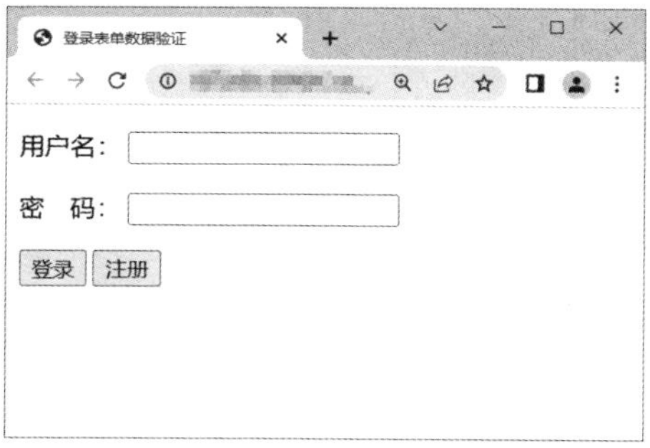

◎　图 10-2　基本注册登录表单网页

基本注册登录表单网页的 HTML 代码如下。

```
<form id="form1" name="form1" method="post" action="register.asp" >
  <p> 用户名：
    <input type="text" name="username" />
    <br /><br />
    密      码：
    <input type="password" name="psw"/>
  </p>
  <p>
    <input type="submit" name="bt1"  value=" 登录 " />
    <!-- 打开对应的注册网页，此处用百度来代替 -->
    <input type="button" value=" 注册 " onclick="window.location.href='http://www. baidu .com'"/>
  </p>
</form>
```

上述代码的运行结果如图 10-3 所示，表示一个基本的注册登录表单。<form> 标签中的代码原意是当单击"登录"按钮时，把数据提交给"register.asp"，但由于实际该文件不存在，因此会出现如图 10-3 所示的结果。需要注意的是，图 10-3 显示的是在 HBuilderX 的 IDE 中运行的结果，如果直接用浏览器打开该网页，单击"登录"按钮，则会提示"register.asp"文件不存在。

◎ 图 10-3　代码运行结果

【拓展知识】

知识：表单对象按钮与 <button> 标签的区别。

（1）表单中的普通按钮属于表单对象，一般需要包含在 <form> 与 </form> 标签中。例如，通过单击按钮打开网页（网易首页）：

```
<form method="post" action="">
<input type="button" value=" 单击按钮打开网易首页 "
onclick="window.location.href='http://www.163.com'">
</form>
```

（2）在使用普通按钮标签时，直接使用 <button> 标签即可。例如，通过单击按钮打开网页：

```
<button onclick="window.location.href='http://www.163.com'"> 单击按钮打开网易首页 </button>
```

10.3　每课小练

10.3.1　练一练：制作简单表单网页

【练习目的】

- 了解表单的基本功能。
- 熟悉表单、表单对象及其属性。
- 掌握基本表单对象的特点与应用。

【练习要求】

设计如图 10-4 所示的表单网页，并将其 action 属性设置为空，提交方法（method）设置为 get。注意：这里有且只有一个表单。另外，需要设置表单对象的默认属性值。

```
<form name="form1" action="" method="get">
<!-- 此处填写各个表单元素 -->
</form>
```

◎ 图 10-4　简单表单网页

（1）分析将表单的 action 属性设置为其他文件名（如 register.asp）的结果与原因？

（2）结合第 11 课中的 JavaScript 基本应用，尝试对所输入的个人信息进行输出确认，如利用 alert() 方法弹出信息对话框，或者利用 JavaScript 代码实现在网页中进行信息回显。

10.3.2　学以致用：表单应用实例

【练习目的】

• 　掌握实际注册登录表单网页的设计方法。

• 　掌握基本表单对象功能的实现。

• 　了解并掌握注册登录表单功能的实现。

【思政天地】倡导"人类命运共同体"意识

"命运共同体"是中国提出的关于人类社会的新理念，面对世界的复杂形势和全球性问题，任何国家都不可能独善其身。同为地球人，我们应该有人类命运共同体的意识。满足用户的基本需求是共同的目标。无论是在中文还是其他语言的服务或电子商务网站中，注册与登录是最基本的功能，用户只有在注册之后才能享受相应的服务。

【练习要求】

在站点中新建文件，制作如图 10-5 所示的网页，可以只制作其中一个。注意：正确使用 HTML5 中的表单元素类型及添加对应的 CSS 样式代码，完成网页的制作，并能进行表单数据验证（详见第 11 课中的相关内容）。

（a）用户注册登录表单

（b）带网页背景的用户登录表单

◎ 图 10-5　表单应用网页

10.3.3　常见问题 Q&A

（1）为什么表单中的几个文本框 / 密码框总是无法对齐？该怎么办？

答：由于文本框前面的文字长度不同，因此不容易对齐，解决办法是利用 CSS 样式将文本框的宽度设置为一致的，并且使其右对齐或分散对齐。

（2）为什么在单击提交 / 确认（submit）按钮，或者重置（reset）按钮后，网页没有任何反应？

答：一个可能的原因是忘记添加 <form> 和 </form> 标签；另一个可能的原因是没有将这些按钮元素放在 </form> 标签的前面，而 reset 或 submit 功能只有在 <form> 和 </form> 标签中才能有效。

10.4　理论习题

一、选择题

1. 网页中表单的标签名是（　　　　）。

A．form　　　　　　B．list　　　　　　C．table　　　　　　D．sheets

2. 为了保证一组若干个单选按钮只能被选中一个，这些单选按钮的（　　　　）属性必须相同？

A．ID　　　　　　　B．class　　　　　　C．type　　　　　　D．name

3. （　　　　）表单元素不能通过 <input> 标签来创建？

A．提交按钮　　　　　　　　　　　　B．多行文本框

C．密码框　　　　　　　　　　　D．单选按钮

4．（　　）选项是在表单中创建一个普通文本框？

    A．<input type="textbox">　　　　　　B．<input type="textarea">

    C．<input type="password">　　　　　D．<input type="text">

5．表单元素的（　　）属性用于提示用户填写输入字段？

    A．placeholder　　　B．required　　　C．value　　　　D．type

6．关于表单中的单选按钮，以下说法正确的是（　　）。

    A．单选按钮是通过 <radio> 标签创建党的

    B．一定要把单选按钮放在同一组单选按钮中

    C．每组单选按钮只能有两个，如男、女各一个

    D．同一组的单选按钮，为了保证只能被选中一个，必须使用相同的 name 属性

二、思考题

1．什么是表单？什么是表单元素？它们之间有什么关系？请举例说明。

2．网页中的表单有什么作用？请举例说明。

3．表单中的按钮有哪几种类型？

4．HTML5 中提供的新表单类型（如 email）有什么好处？

5．<form name="form1" action="example.jsp" method="get">，其中 name、action 和 method 属性的作用分别是什么？

第 11 课　JavaScript 基本应用

【学习要点】

- 什么是 JavaScript。
- 常用的 JavaScript 对象与方法。
- 基于 JavaScript 的表单数据验证。
- JavaScript 特效的使用。

【学习预期成果】

　　了解什么是 JavaScript 及常用的 JavaScript 对象与方法，使用基本 JavaScript 对象与方法在网页中添加特效，并进行表单数据验证。

　　网页中的 JavaScript 代码可以实现页面与用户的互动，即"行为"。读者在本课中将学习 JavaScript 的基本使用方法，将已有代码写入到网页中，从而实现简单的网页特效。本书只讲述最基本的 JavaScript 知识，完整的 JavaScript 语法及其更加复杂的应用，请参考其他资料。

11.1　什么是 JavaScript

扫一扫

JavaScript 简介

　　JavaScript 是一种广泛用于浏览器客户端的直译式脚本语言，其解释器被称为 JavaScript 引擎，是浏览器的一部分。JavaScript 最早在 HTML 网页上使用，页面通过脚本程序实现用户数据的传输和动态交互，现在被广泛用于 Web 应用开发，常用来为网页添加各式各样的动态功能，为用户提供更流畅和美观的浏览效果。通常，JavaScript 脚本通过嵌入 HTML 来实现自身功能。

1. 特点

　　JavaScript 与其他语言一样，有自身的基本数据类型、表达式和算术运算符及程序的基本框架。JavaScript 提供了四种基本数据类型和两种特殊数据类型来处理数据和文字。变量提供存放信息的地方，而表达式则可以完成复杂的信息处理。JavaScript 的基本特点如下。

- 一种解释性脚本语言，代码不进行预编译。
- 直接嵌入 HTML 页面，用于与 HTML 页面进行交互，可以有单独的 JS 文件，有利于结构和行为的分离。
- 跨平台特性，在大多数浏览器的支持下，可以在多种平台上运行，如 Windows、Linux、macOS、Android、iOS 等。

2. 日常用途

- 嵌入动态文本到 HTML 页面。
- 对浏览器事件做出响应。
- 读写 HTML 元素。
- 在数据被提交到服务器之前验证数据。
- 检测访客的浏览器信息。
- 控制 cookies，包括创建和修改等。
- 基于 Node.js 技术进行服务器端编程。

11.2　JavaScript 的使用方法

11.2.1　JavaScript 基本语法

　　与大多数高级语言一样，JavaScript 通过语句来实现功能，英文分号";"作为每个语句的结束标志。JavaScript 的常量、变量、表达式、条件语句、循环语句、函数、数组等基本定义方法，以及注释方法，与 C/C++/Java 等高级语言的相似。下面只简单地列举 JavaScript 的基本语法，详细知识读者可参考其他学习网站或网络资料，此处不再赘述。

1．数据类型

JavaScript 中的数据类型包括字符串（String）、布尔（Boolean）、空（Null）、数值（Number）、对象（Object）等。

2．运算符

常用的运算符包括赋值运算符"="，数学运算符"+""-""*""/"，以及表示逻辑或关系的布尔运算"&&""||"">""<="" =="等。

其中，"+"运算符还可以用于连接两个字符串，具体如下。

```
str= "abc"+ "123"; /*str 字符串变量的结果是 "abc123"*/
```

需要注意的是，JavaScript 的注释方法与 CSS 的注释方法相同，/* */ 用于多行注释，// 用于单行注释。

3．条件

与一般高级语言一样，除了顺序结构，JavaScript 还有选择结构，使用 if、if-else、switch 等语句完成条件语句。

4．循环

JavaScript 的循环结构中常见的语句包括 for、while、for-in 等。

5．变量

一个需要注意的是，JavaScript 变量名是区分大小写的，即大写字母与小写字母表示不同的标识符。另一个需要注意的是，在使用 JavaScript 自身的方法时，也要注意大小写，如下列第一条是正确的语句，而第二条因为"Color"的"C"为"c"，所以是错误的语句。

```
body.style.backgroundColor="#F0F0F0"; /* 正确 */
body.style.backgroundcolor="#F0F0F0"; /* 错误 */
```

6．声明与赋值

在 JavaScript 中，声明变量的方法与 C、Java 语言等的相似。例如：

```
var a=100; /* 声明一个整数变量 a，并将其赋值为 100*/
var str= "this is a string"; /* 声明一个字符串变量 str，并对其进行赋值 */
```

除了一般的数据类型，JavaScript 中还有许多内置对象，如日期、时间、数学函数等。用户可以直接声明并使用这些对象。例如：

```
var today=new Date(); /*Date() 用于返回当天日期时间对象，并赋值给 today*/
var b=5+sqrt(100); /*sqrt() 是数学函数，用于求平方根 */
```

7．自定义函数

除了内置函数，JavaScript 还能自定义函数，并在 JavaScript 代码中调用该函数，或者在网页元素中通过 onclick 等事件调用该函数。自定义函数的定义方法是使用 function 关键字，并在函数名后加英文圆括号，括号内可以包含参数，也可以不包含参数，使用英文花括号将函数语句包含在内，即函数体，语法如下。

```
function 函数名 ( 参数 ){
    /* 函数语句内部语句 */
}
```

例如，下面语句先定义一个函数 sayHello()，再调用该函数，其运行结果是在网页中显示 "Hello!" 段落字样。

```
/* 定义函数 */
function sayHello(){   /* 函数名为 sayHello，并且不能省略 ()*/
    document.write("<p>Hello!</p>"); /* 向网页文件写入一个 p 元素 */
}
/* 调用函数 */
sayHello();
```

下面通过几个简单实例介绍 JavaScript 的基本语法与使用方法。

11.2.2　最简单的 JavaScript 程序（Say Hello!）

【例 11.1】最简单的 JavaScript 程序（Say Hello!）。

```
<!DOCTYPE html>
<html>
    <head>
        <meta charset="utf-8">
        <title>say hello</title>
    </head>
    <script  type="text/javascript" >
        alert(" 欢迎来到我家 ");
    </script>
    <body>
        <p>This is a JavaScript test</p>
    </body>
</html>
```

该代码的作用是当打开该网页时先显示一个"欢迎来到我家"对话框，在关闭该对话框后，网页中显示 "This is a JavaScript test" 段落。

JavaScript 代码的使用方法如下。

在 HTML 中，通过 <script> 标签可以嵌入 JavaScript 代码，其中可省略 type="text/javascript"，嵌入方法如下。

方法 1：在网页的 </head> 标签前（后），或者在 </body> 标签前（后）的任何位置，但必须在 <script> 标签中添加 JavaScript 代码。例如：

```
<script language="javascript" >
    // 程序代码
    ......
</script>
```

方法 2：先将 JavaScript 代码放在另外单独的 JS 文件中，然后在网页 </head> 标签前（后），或者 </body> 标签前（后）引用该文件。引用 JS 文件的代码如下，运行结果如图 11-1 所示。其中，language="javascript" 可省略不写。

```
<script language="javascript" src=" 路径 /*.js"> </script>
```

◎ 图 11-1　引用外部 JS 文件

从图 11-1 中可以看出，在 <body> 标签中，通过引用外部 JS 文件来执行其中的语句，网页将显示"Hello World!"段落字样。

需要注意的是，一般要求特效代码放在 </body> 标签后（</html> 标签前），以保证先加载完网页再执行特效代码。

11.2.3　表单数据验证

【例 11.2】表单数据验证。

图 11-2 所示为表单数据验证。

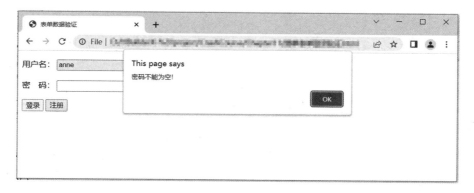

◎ 图 11-2　表单数据验证

表单数据验证的参考代码如下。

```
<!doctype html>
```

```html
<html>
<head>
  <meta charset="utf-8">
  <title> 表单数据验证 </title>
  <script language="javascript">
    function user_check(){        // 定义函数
      // 通过表单元素的 name 属性来获取信息
      if (document.form1.username.value=="") // 判断用户名是否为空
      {
      /* 通过 getElementById() 方法来获取文本框对象
      if (document. getElementById("username").value=="") // 判断用户名是否为空
      */
        alert(" 用户名不能为空 !");   // 弹出提示对话框
      return false;
      document.form1.username.focus();}

      if (document.form1.psw.value=="") // 检查密码是否为空
      {
        alert(" 密码不能为空 !");
        return false;
        document.form1.psw.focus(); }
    }
  </script>
</head>
<body>
  <form id="form1" name="form1" method="post" action="" onsubmit="user_check()" >
  <!-- 注意与 action="login.jsp" 进行区分 -->
    <p> 用户名：
      <input type="text" name="username" id= "username" /> <br /><br />
      密      码：
      <input type="password" name="psw" id="psw" /> </p>
    <p><input type="submit" name="bt1"  value=" 登录 " />
    <!-- 打开对应的注册网页，此处用百度来代替 -->
<input type="button" value=" 注册 "onclick="window.location.href='https://www.baidu.com '"/> </p>
  </form>
</body>
</html>
```

由上述代码可知，网页以嵌入的方式，使用 JavaScript 定义了 user_check() 函数，并在表单中使用 onsubmit 属性来调用该函数，从而实现验证输入信息。

11.2.4　常用的 JavaScript 对象与方法

在利用 JavaScript 代码实现与网页的交互前，需要了解如何查找网页元素。一般，

JavaScript 可以通过标签名、类名、id 名来获取网页元素。

（1）getElementsByTagName()——通过标签名来获取网页元素。

JavaScript 中的 getElementsByTagName() 方法通过标签名（Tag Name）来获取网页元素，实际上获取的可能是该标签的多个元素，即一个数组类型。例如：

```
var lists=document.getElementsByTagName("li"); // 获取网页中的多个 li 元素
```

此时，该 lists 对象是一个包含多个 li 元素的数组。

又如，通过标签名来获取网页的 body 元素，并设置其背景颜色。

```
// 通过标签名来获取 body 元素，返回的是数组，因此必须添加 [0]
var body1=document.getElementsByTagName("body")[0];
// 把背景颜色改为灰色
body1.style.backgroundColor="#F0F0F0";
```

需要注意的是，语句中是严格区分大小写的，书写格式务必正确。

（2）getElementsByClassName()——通过类名来获取网页元素。

在网页中，可以有多个元素使用相同的类名。getElementsByClassName() 通过类名（Class Name）来获取网页元素，使用方法与 getElementsByTagName() 的相似。例如：

```
var table2=document.getElementsByClassName("Typetable"); // 通过类名来获取网页元素
```

（3）getElementById()——通过 id 名来获取网页元素。

id 名只能用于一个网页元素，因此该元素是单个的。例如：

```
var table1=document.getElementById("id1"); // 获取网页中 id 名为 id1 的网页元素
if(table1!=null)
{
    table1.style.backgroundColor="#00FFFF";
    table1.style.color="#FF0000"; // 将字体颜色改为红色
}
else
alert("ID error");

// 以下示例为对表格偶数行添加类，假设已经定义了 even 类
var row=tbody[0].getElementsByTagName("tr"); // 通过标签来获取 tbody 中的各行 tr
    for(var i=0;i<row.length;i+=2)
    {
        if(row[i].className=="")
            row[i].className="even"; // 对偶数行添加 even 类
        else
            row[i].className+=""+"even"; // 已有类时的添加方法，即再添加一个类，共 2 个
    }
```

（4）innerHTML 与 date 日期对象。

在网页中，常常需要显示日期与时间等信息，通过日期时间对象的 Date() 方法，可以获取系统的日期与时间。简单显示日期的完整源代码如下。

```
<!DOCTYPE html>
<html>
<head>
  <meta charset="utf-8">
  <title> 在网页中显示日期 </title>
  <script>
    /* 自定义函数 */
    function displayDate(){
    /* 获取当前日期与时间，并将其写入网页 */
    document.getElementById("datehere").innerHTML=Date();
    }
  </script>
</head>
<body>
  <h1> 显示日期的 JavaScript 程序 </h1>
  <p id="datehere"> 这是一个段落 </p>
  <!-- 按钮单击事件，调用函数 -->
  <button onclick="displayDate()"> 显示日期 </button>
</body>
</html>
```

从上述代码可以看出以下内容。

- 在 <script> 标签中定义一个函数 displayDate()，并利用 Date() 方法创建日期。
- 在函数中，利用 innerHTML 将日期写入 id 名为 datehere 的网页元素。
- 在 <button> 标签中添加 onclick 单击事件，当单击时调用函数 displayDate()。

需要注意的是，在 JavaScript 中，innerHTML 有双向功能，即获取对象的内容和向对象插入内容。

例如：

```
<div id="abc"> 这是内容 </div>
```

通过 document.getElementById('abc').innerHTML 可以获取 id 名为 abc 的对象的文本，也可以向某对象插入内容。例如，通过

```
document.getElementById('abc').innerHTML=' 这是被插入的内容 ';
```

即可向 id 名为 abc 的对象插入内容。图 11-3 展示的是将文本框中的信息写入网页的效果。

◎ 图 11-3 将文本框中的信息写入网页的效果

【例 11.3】获取与写入文本框中的信息。

参考代码如下。

```
<!DOCTYPE html>
<html>
  <head>
    <meta charset="utf-8">
    <title>write text innerHTML</title>
  </head>
  <body>
    <header><h1> 单击按钮即可将文本添加到网页中 </h1></header>
    <h2> 添加到这里: <span id="addtxt"></span></h2>
    <h3><input type="text" placeholder=" 输入点什么吧 " id="txt">   <button onclick="addtext()">
添加到网页中 </button></h3>
    <script>
      function addtext(){
        var info=document.getElementById("txt").value;// 获取文本框中的信息
        var tt=document.getElementById("addtxt");
        tt.innerHTML=info; // 将 info 值写入 span 标签
        tt.style.color="#FF0000"; // 设置红色字体
      }
    </script>
  </body>
</html>
```

11.2.5 定时器函数

如果要实现页面的定时刷新,则需要使用内置的定时器函数,如 setInterval() 或 setTimeout()。

- setInterval(函数 , 毫秒):按照指定周期(毫秒)调用函数或计算表达式,重复调用,直到 clearInterval() 函数被调用或窗口关闭。
- setTimeout(代码函数 , 毫秒数):在指定毫秒数后调用函数或计算表达式,只调用一次(回调自身函数,实现循环调用)。

自定义函数及定时器函数的应用见下面简单时钟网页实例。

11.3 每课小练

11.3.1 练一练:简单时钟网页实例

【练习目的】

- 掌握系统时间的应用。

- 掌握自定义与调用函数的方法。
- 进一步掌握 CSS 样式的使用方法。
- 掌握 setInterval() 定时器函数的应用。
- 掌握 JavaScript 开关语句的基本应用。

【练习要求】

在网页中设计时、分、秒样式框，并将实时的系统时间写入对应样式框，网页效果如图 11-4 所示。通过自定义函数 getCurrentTime(){} 可以获取当前系统日期时间对象，使用 setInterval("getCurrentTime()", 1000); 可以实现每秒更新一次时间。

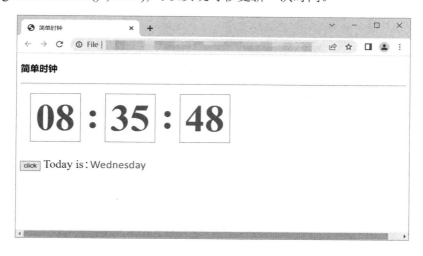

◎ 图 11-4　简单时钟网页

以下代码利用 JavaScript，并通过浏览器的 Date 对象来获取系统时间，在网页中显示时、分、秒，以及星期。读者可以详细阅读以下代码，尝试将星期显示为中文，或者中英文。

```
<!DOCTYPE html>
<html>
<head>
    <meta charset="utf-8">
    <title> 简单时钟 </title>
    <link rel="stylesheet" href="css/clock.css">
</head>
<body onload="getCurrentTime()"><!-- 通过 onload 来加载 getCurrentTime() 函数，用于显示时间 -->
    <!-- 标题 -->
    <h3> 简单时钟 </h3>
    <!-- 水平线 -->
    <hr />
    <!-- 电子时钟区域 -->
    <div id="clock">
        <div class="box1" id="h"></div>
        <div class="box2">:</div>
        <div class="box1" id="m"></div>
```

```
        <div class="box2">:</div>
        <div class="box1" id="s"></div>
    </div>
    <p style="font-size:24px; color: blue; clear: both; padding-top: 30px; ">
        <button onClick="showDay()" >click</button> Today is :<span id="dd" style="color: red; font-family:calibri; ">show day here</span></p>
    <script> /* 以下代码用于显示星期 */
        function showDay(){ // 需要单击按钮，才调用该函数
            var date = new Date();
            var day =date.getDay(); //getDay() 方法返回数值是 0~6，对应一周
            switch(day){
                case 0: x="Sunday"; break;
                case 1: x="Monday"; break;
                case 2: x="Tuesday"; break;
                case 3: x="Wednesday"; break;
                case 4: x="Thursday"; break;
                case 5: x="Friday"; break;
                case 6: x="Satureday"; break;
            }
            // 获取显示星期的 dd 对象
            var info=document.getElementById("dd");
            // 将星期字符串的 x 对象写入到 info 对应 dd 对象的 span 中
            info.innerHTML=x;
        }
    </script>
    <script>
        /* 定义 getCurrentTime() 函数，用于显示时间 */
        // 获取显示小时的样式框对象
        var hour = document.getElementById("h");
        // 获取显示分的样式框对象
        var minute = document.getElementById("m");
        // 获取显示秒的样式框对象
        var second = document.getElementById("s");
        // 获取当前时间
        function getCurrentTime(){
            var date = new Date(); // 创建系统日期时间对象
            var h = date.getHours();
            var m = date.getMinutes();
            var s = date.getSeconds();
            if(h<10) h = "0"+h;        // 确保 0~9 时显示成两位数
            if(m<10) m = "0"+m;        // 确保 0~9 分显示成两位数
            if(s<10) s = "0"+s;        // 确保 0~9 秒显示成两位数
            hour.innerHTML= h;
            minute.innerHTML = m;
```

```
            second.innerHTML = s;
        }
        // 每秒更新一次时间
        setInterval("getCurrentTime()", 1000);
    </script>
</body>
</html>
```

11.3.2　学以致用：制作考生登录表单

【练习目的】

- 了解表单元素的基本应用。
- 了解并掌握基本表单数据验证的使用方法。
- （探索学习）尝试实现图形码的验证。

【练习要求】

参考图 11-5，完成登录表单设计与数据验证，具体要求如下。

◎ 图 11-5　表单设计与数据验证

（1）通过 <form> 标签添加图 11-5 中的各个表单项。

（2）设置表单及表单对象的 CSS 样式。

（3）使用 placeholder 属性提示输入用户名。

（4）当单击"登录"按钮时，对各个表单数据进行验证，要求用户名不能为空，密码与预设密码保持一致。

（5）探索学习 1：自行完成图形码的验证。

（6）探索学习 2：参考真实网站，以及第 14 课、第 15 课中的内容，将该网站制作成响应式的。

11.3.3 试一试：JavaScript 漂浮层的应用实例

【练习目的】

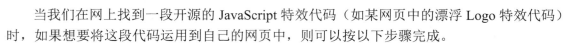

- 了解 JavaScript 代码与网页元素的关系。
- 掌握简单特效代码的位置与使用方法。
- 了解通过 getElementById() 方法来获取网页元素的方法。

【练习要求】

当我们在网上找到一段开源的 JavaScript 特效代码（如某网页中的漂浮 Logo 特效代码）时，如果想要将这段代码运用到自己的网页中，则可以按以下步骤完成。

步骤①：运行所获取的特效代码，保证在没有其他内容的空白网页中能够正常显示特效。

步骤②：选取代码，分别将 <script>、</script> 标签之间的 JavaScript 特效代码插入到自己网页的 <script>、</script> 标签中，如在 </head> 标签前（后），或者 </body> 标签前（后）。

步骤③：在自己网页的 <body> 标签中添加对应的网页元素，特别注意网页元素的 id 名或类名要与特效代码中的保持一致，以保证网页元素能被代码调用。如果涉及网页元素的事件，则必须添加对应的事件。

步骤④：根据需要调整对应图像文件的路径与文件名称，以保证能正确显示图像。

具体代码操作如下。

（1）将如图 11-6 所示的 JavaScript 特效代码的 <script>、</script> 标签之间的全部内容复制到自己网页的 </head> 标签前。

```
6   <script type="text/javascript">
7   <!--
8   function addEvent(obj,evtType,func,cap){
9       cap=ca...
26  }
27
28  function getPageScroll(){
29      var xSc...
49      return arrayPageScroll;
50  }
51
52  function getPageSize(){
53      var xSc...
86      return arrayPageSize;
87  }
88
89  var adMoveConfig=new Object();
90  adMoveConfig.isInitialized=false;
91  adMoveConfig.scrollX=0;
92  adMoveConfig.scrollY=0;
93  adMoveConfig.moveWidth=0;
94  adMoveConfig.moveHeight=0;
95
96  adMoveConfig.resize=function(){
97      var winsize=getPageSize();
98      adMoveConfig.moveWidth=winsize[2];

96  adMoveConfig.resize=function(){
97      var winsize=getPageSize();
98      adMoveConfig.moveWidth=winsize[2];
99      adMoveConfig.moveHeight=winsize[3];
100     adMoveConfig.scroll();
101 }
102
103 adMoveConfig.scroll=function(){
104     var winscroll=getPageScroll();
105     adMoveConfig.scrollX=winscroll[0];
106     adMoveConfig.scrollY=winscroll[1];
107 }
108
109 addEvent(window,"resize",adMoveConfig.resize);
110 addEvent(window,"scroll",adMoveConfig.scroll);
111
112 function adMove(id){
113     if(!adMoveConfig.isInitialized){
114         adMoveConfig.resize();
115         adMoveConfig.isInitialized=true;
116     }
117     var obj=document.getElementById(id);
118     obj.style.position="absolute";
119     var mw...
148 }
149 //-->
150 </script>
```

◎ 图 11-6 JavaScript 特效代码（部分内容已省略）

（2）在网页中添加对应的标签。

```
<body>
```

```
<div> <a href="#" target="_blank"> <!-- 图像可超链接到别处 -->
  <img src="images/0705oppo.jpg" border="0"></a>
</div>
</body>
```

（3）在对应的位置调用 JavaScript 特效函数，并修改漂浮的网页元素的 id 名。

```
function adMove(id){
  ……
  var obj=document.getElementById(id);  /* 通过 id 名来获取网页元素 */
  obj.style.position="absolute";
  ……
  this.run=function(){  /* 让该网页元素运行 */
    var delay = 10;
    interval=setInterval(obj.customMethod,delay);
    obj.onmouseover=function(){clearInterval(interval);}
    obj.onmouseout=function(){interval=setInterval(obj.customMethod,delay);}
  }
}
```

由上面的代码可知，通过 getElementById(id名) 方法可以获取漂浮的 div 元素。

在网页中需要使用语句 ad1=new adMove("id名") 来实现漂浮功能。

网页元素的 id 名特别重要，这里 adMove() 函数将作用于 id 名为 moveimg1 的网页元素，因此务必在需要漂浮的 div 元素中添加 id 名，并保证该 id 名与调用函数后面的参数完全一致（二者同名，此处名为 "moveimg1"）。

```
<body>
  <div id="moveimg1"><a href="#" target="_blank">
  <img src="images/0705oppo.jpg" border="0"></a></div>
  <script type=text/javascript>
    /* 创建一个广告对象，并运行该对象 */
    var ad1=new adMove("moveimg1");
    ad1.run();
  </script>
</body>
```

（4）修改图像文件路径及其文件名称。

```
<img src="MyImages /logo2.png"  border="0" >
```

（5）修改 div 元素对应 id 的 z-index 属性值。

如果发现当层漂浮时，会隐藏在网页元素的下方，则需要修改该层的 z-index 属性值，使其在其他网页元素的上方。

```
#moveimg1{
  z-index:1000;/* 保证 z-index 属性值足够大 */
}
```

11.3.4　常见问题 Q&A

（1）漂浮层 id 的 z-index 属性值必须设置为 1000 吗？

答：不必须，只要值足够大，保证漂浮层在其他页面元素上方就可以。

（2）一定要按照书中介绍的方法把 JavaScript 特效代码放在 HTML 网页中吗？

答：不一定，可以使用外部 JS 文件，即把这些 JavaScript 特效代码保存在单独的外部 JS 文件中，并通过 <script> 标签链接该文件。例如：

```
<script src= "js/youJSscript.js" > </script>
```

此外，JavaScript 特效代码一般可放在 </body> 标签前（后），并保证在 </html> 标签前。

11.4　理论习题

一、选择题

1．当在网页中使用 JavaScript 代码时，必须在网页相关位置添加（　　）标签。

　　A．html　　　　　　　B．css　　　　　　　C．meta　　　　　　　D．script

2．网页中的 DOM 模型指的是（　　）。

　　A．Domain Object Model

　　B．Document Object Model

　　C．Demo Oriented Model

　　D．Distribution Operation Management

3．以下关于 JavaScript 的说法，错误的是（　　）。

　　A．JavaScript 是基于客户端浏览器的脚本语言

　　B．解释性执行，跨平台，仅依赖于浏览器

　　C．只能直接将代码嵌入网页文件，不能使用外部链接文件

　　D．能改变网页内容、样式，在网页中实现各种动态效果

4．以下获取网页元素的 JavaScript 方法，错误的是（　　）。

　　A．document.getElementByIdName("idname");

　　B．document.getElementsByTagName("tagname")[i];

　　C．document.getElementsByClassName("classname");

　　D．document.getElementById("idname");

5．以下关于 JavaScript 中内置的数学对象（Math）模块的说法，错误的是（　　）。

　　A．数学对象（Math）属于内置模块，可以直接调用其函数（方法），如 Math.sqrt(value)，而不需要另外导入模块

　　B．Math.random() 的作用是返回一个 0~1 之间的随机数

　　C．Math.round(x) 的作用是取四舍五入的值，其中 x 既可以是数值，也可以是数字字符串

　　D．Math.ceil() 的作用是向上取整，Math.floor() 的作用是向下取整

6．以下关于 JavaScript 的 Date 对象的描述，正确的是（　　　）。

　　A．getDay( ) 方法能返回 Date 对象的一个月中的一天，其值为 1～31

　　B．getDate( ) 方法能返回 Date 对象的一个星期中的一天，其值为 0～6

　　C．getTime( ) 方法能返回特定时刻（1970 年 1 月 1 日）所对应的毫秒数

　　D．getYear( ) 方法只能返回以 4 个数字表示的年份，常用于获取 Date 对象的年份

二、思考题

1．JavaScript 语言的特点是什么？

2．JavaScript 特效与 jQuery 特效有什么区别和联系？

3．简述将一段 JavaScript 特效代码应用于网页的过程与方法。

第 12 课　jQuery 特效

【学习要点】

- 什么是 jQuery。
- jQuery 元素的选取与操作。
- jQuery 特效与动画的使用方法。
- 常见 jQuery 特效的应用实例。

【学习预期成果】

　　了解什么是 jQuery 及其在网页中的用途；掌握 jQuery 基本语法的特点，能够利用所给 jQuery 代码在网页中添加 jQuery 特效。

　　jQuery 是 JavaScript 的一个库。JavaScript 能实现交互式网页，jQuery 也能实现相同的与用户互动或网页特效等功能，而且 jQuery 代码更加简洁，使用更方便，当前许多网页中都包含了 jQuery 代码。从本质上看，jQuery 就是 JavaScript 的应用。本书只讲述最基础的 jQuery 知识及其基本特效的应用。关于完整的 jQuery 语法及其详细应用，请读者参考其他有关资料。

扫一扫

JQuery 基础特效及应用

12.1　jQuery 简介

12.1.1　什么是 jQuery

简单地说，jQuery 是一个开源的、跨平台的，也是过去十年流行的 JavaScript 函数库，其基础是 JavaScript。jQuery 的特点为轻量级封装、精简 JavaScript、兼容 CSS3，并且支持跨浏览器。jQuery 的口号是"写得少，做得多"（"Write less, do more"），用户可以通过简化的 jQuery 进行 HTML 元素的选取与操作、CSS 操作等，快速实现 JavaScript 特效和动画。jQuery 有以下两大作用。

- 实现 jQuery 特效，如网页内容滑上滑下、图像轮播、幻灯片效果等。
- 获取 JSON 数据或进行 AJAX 异步数据处理。

需要注意的是，要使用 jQuery 库，需要链接该库文件。有 3 种链接 jQuery 库文件的路径，第 1 种是相对路径，即先下载 jQuery 库文件到自己的站点中，再使用代码链接本地库；第 2 种是绝对路径，即不下载 jQuery 库文件，而是直接链接 jQuery 官方网站；第 3 种是链接相关服务公司的 CDN（Content Delivery Network）服务器，方法如下。

```
<script src=" 路径 /jquery 库 .js"> </script>
```

链接 jQuery 库文件后，就可以使用 jQuery 的各种功能了。常见的 jQuery 操作如表 12-1 所示。

表 12-1　常见的 jQuery 操作

jQuery 操作	方法	举例	说明
元素选取	$(selector)	$("#panel")	选取 id 为 panel 的网页元素
属性操作	$(selector).attr(attrname[,value])	$("img").attr("width","500");	设置图像宽度属性
CSS 操作	$(selector).css("", "")	$("#p1").css("border", "5px solid red");	对 id 为 p1 的元素添加 5px 的红色边框实线
HTML 事件函数	$(selector). 事件名 ();	$("p").click(function(){ $(this).hide(); });	单击 p 段落元素，隐藏该段落
jQuery 特效	$(selector). 特效名 ();	$("#panel").slideDown("slow");	id 为 panel 的面板下滑特效
jQuery 动画	$("selector"). animate();	$("html").animate({scrollTop: '0px'}, 500);	滚动整个网页到浏览器窗口顶部，需要耗时 500ms
DOM 遍历	$("selector").each();	$("li").each(function(index){ this.title=" 我是第 "+index+" 个元素 "; });	遍历网页中的 li 元素，索引从 0 开始

续表

jQuery 操作	方法	举例	说明
DOM 元素修改	/* 添加 */ $(container).append(obj); /* 移除 */ $(selector).remove();	var $obj1=$("\<p\> 段落一 \</p\>"); $("#contain").append($obj1); $("#p2").remove();	将新建的段落元素"段落一"添加到 id 为 contain 的容器元素中；移除 id 为 p2 的元素
AJAX 与 JSON 操作	略		

实际上，除了表 12-1 中列出的操作，jQuery 还能实现异步 JavaScript 和 XML 操作，在后台与服务器进行少量的数据交换，实现网页的异步通信，但是相对复杂。有关 AJAX（Asynchronous JavaScript And XML）与 JSON 的操作，请读者参考其他学习资料。

12.1.2 jQuery 库文件的下载与引用

在官网中选择目前最新版本的 jQuery 库文件，可选择无压缩文件，如图 12-1 所示。

◎ 图 12-1 下载 jQuery 库文件

引用 jQuery 库文件有以下 3 种方法。

方法 1：将最新版 jQuery 库文件下载到本地，如从官网下载 jquery-3.6.1.js（截至 2022 年 11 月）到本地，并放在自己站点的 JS 文件夹中。

```
<script type="text/javascript" src="js/jquery-3.6.1.js"></script>
```

方法 2：直接链接到 CDN 服务器。

```
<script src="http://cdnjs.cloudflare.com/ajax/libs/jquery/3.6.1/jquery.js"></script>
```

方法 3：链接到 jQuery 的官网。

```
<script src="https://code.jquery.com/jquery-3.6.1.js"></script>
```

此处请注意引用路径的不同，<script src="https://code.jquery.com/jquery-3.6.1.min.js">、<script src="http://cdnjs.cloudflare.com/ajax/libs/jquery/3.6.1/jquery.js"> 均表示通过绝对路径链接到官方网站的外部 jQuery 库，在使用时请注意检查网络是否正常，而 <script src="js/jquery-3.6.1.js"> 使用的是相对路径，jQuery 库文件在本地。此处建议初学者使用方法 1，避免因网络无法连接而影响运行结果。

12.2　jQuery 文件就绪事件

在 jQuery 中，必须使用文件就绪事件，即所有 jQuery 函数位于 document 的 ready() 函数中，也被称为入口函数，以保证 DOM 加载完成后才可以对 DOM 进行操作。

```
$(document).ready(function(){ // 入口函数
  // 开始编写 jQuery 代码
  ……
});
```

需要注意的是，此处也可以采用简化的写法，其效果与以上写法的效果完全相同。

```
$(function(){ // 简化的入口函数
  // 开始编写 jQuery 代码
  ……
});
```

12.3　jQuery 选择器及其操作

在 jQuery 中，利用选择器可以查找网页元素，方法是

```
$("selectorname")
```

这里的 "$" 被称为工厂函数，选择器名就是网页的 CSS 选择器名，可以是类选择器、ID 选择器、标签选择器、属性选择器、后代选择器、子代选择器等，用于匹配其对应的网页元素。从本质上来说，$() 取代了 JavaScript 的各种对象操作。

- $("#idname") 取代了 document.getElementById("idname")。
- $(".classname") 取代了 document.getElementsByClassName("classname")。
- $("tagname") 取代了 document.getElementsByTagName("tagname")。

下面的 jQuery 代码利用不同类型的选择器来查找网页元素，并设置了网页元素的样式或属性。

```
<script>
  $(function(){ // 入口函数
    $("img").attr( "width","200"); // 通过 attr 属性设置所有图像的宽度为 200px
    $(".bt1").toggleClass("class1" ); // 切换类，前提是已经定义该类
```

```
$("#img1").css( "border","2px solid yellow"); // 为 id 为 img1 的元素设置 CSS 样式
$("ul li").css("text-decoration","underline"); // 为 "ul li" 无序列表项设置 CSS 样式
});
</script>
```

jQuery 代码的特点是简洁，我们可以充分利用 jQuery 库的优势，写出简洁而高效的代码。

12.4 jQuery 常见特效

常见的 jQuery 特效与动画包括以下几种，读者可以在后面的章节中陆续看到其应用。

- 显示 / 隐藏：show()、hide()、toggle()。
- 淡进 / 淡出：fadeIn()、fadeOut()。
- 滑上 / 滑下 / 切换：slideUp()、slideDown()、slideToggle()。
- 动画（如页面上下滚动）：animate()。

12.4.1 最简单的例子——点一点就消失

下列是简单 jQuery 程序的完整代码，在运行网页后，单击段落，该段落会消失，具体步骤如下。

（1）将 jQuery 库文件下载到本地，并放在站点的 JS 文件夹中。

（2）使用 <script src=" 路径 "> </script> 链接 jQuery 库文件。

（3）添加网页元素。

（4）添加 jQuery 代码：触发 click() 单击事件后，使用 hide() 方法隐藏元素自身（this）。

```
<!DOCTYPE html>
<html>
<head>
  <meta charset="utf-8">
  <title>jQuery 实例 </title>
  <!-- 链接 CDN 中的库 -->
  <script src="https://cdn.staticfile.org/jquery/1.10.2/jquery.min.js"></script>
  <!-- 链接 jQuery 官方中的库 -->
  <script src="https://code.jquery.com/jquery-3.4.1.min.js"> </script>
  <!-- 链接自己站点中的库 -->
  <script src="js/jquery-3.6.1.js" > </script>
  <script>
    $(document).ready(function(){ // 文件就绪
      $("p").click(function(){
      $(this).hide();
      });
    });
```

```
  </script>
</head>
<body>
  <h2> 二级标题，点我没变化 </h2>
  <p> 点我就会消失。</p>
  <p> 继续点我 !</p>
</body>
</html>
```

如果出现单击段落没有反应的情况，则检查是否正确链接了 jQuery 库文件。这个简单的例子可以测试 jQuery 代码语法及所引用的库是否无误。需要注意的是，上述代码中使用了 3 种链接 jQuery 库文件的方法，读者选择其中一种即可。

12.4.2　使用 slideToggle() 方法控制面板展开或收起

网页中经常需要让某个面板展开或收起，即滑上滑下的切换，使用普通的 JavaScript 代码实现比较麻烦，而应用 jQuery 的各种切换（Toggle）方法会十分方便。在下面的实例代码中，相比 /* */ 注释中当鼠标指针悬停在横版（#flip）上时面板（#panel）下滑，在单击横版后面板上滑的代码，使用 slideToggle() 方法实现的代码更简洁。

```
<!doctype html>
<html>
<head>
  <meta charset="utf-8">
  <title> 面板滑上滑下 </title>
  <script src="https://code.jquery.com/jquery-3.6.1.min.js"></script>
  <script>
    /*$(document).ready(function(){ // 实现当鼠标指针悬停在横版上时面板下滑，在单击横版后面板上滑
    $("#flip").mouseover(function(){  // 鼠标指针悬停时的效果
      $("#panel").slideDown("slow");
    });
    $("#flip").click(function(){  // 单击后的效果
      $("#panel").slideUp("slow");
    });
    });*/
    $(function(){
      $("#flip").on("click",function(){
        $("#panel").slideToggle("slow"); // 滑上滑下的切换
      });
    });
  </script>
  <style> /* 面板的 CSS 样式 */
    #panel,#flip{
      padding:5px;
```

```
            text-align:center;
            background-color:#e5eecc;
            border:solid 1px #c3c3c3;
        }
        #panel{
            padding:50px;
            display:none;
        }
    </style>
</head>
<body>
    <div id="flip"> 单击横版后面板滑下，再次单击横版后面板上滑 </div>
    <div id="panel">Hello world!</div>
</body>
</html>
```

需要注意的是，在上述代码中，如果要实现"当鼠标指针悬停时面板下滑，在单击后面板上滑"的效果，则需要删除包含实现该效果代码的一对 /* */，同时注释 slideToggle() 滑上滑下的切换部分代码，使其不执行。

12.4.3　使用 animate() 方法实现页面上下滚动

jQuery 的 animate() 方法能够让页面上下滚动，其语法结构如下。

```
$("selector"). animate(params, speed, callback);
```

animate() 方法的参数说明如下。

- params：样式属性及值的映射，也是包含若干键值对的 JSON 串。
- speed：动画速度，单位为 ms，是可选参数。
- callback：回调函数，是可选参数。

当单击超链接时，方块盒子 div1 向上滚动并放大，参考代码如下。

```
<!DOCTYPE html>
<html>
  <head>
    <meta charset="utf-8">
    <title> 自定义动画 </title>
    <script type="text/javascript" src="js/jquery-3.6.1.js"></script>
    <style>
      .div1{
         position: absolute;
         top: 500px;
         left: 500px;
         height: 100px;
         width: 100px;
```

```
            background-color: #1B6D85;
        }
        .wrapper{
            max-width: 1000px;
            margin: auto;
            background-color: #5BCDFF;
        }
    </style>
    <script type="text/javascript">
        $(function(){
            $(".div1").click(function(){
                $(".div1").animate({top:'50px', height:'300px', width:'300px'}, 2000);
            });
        });
    </script>
</head>
<body>
    <div class="wrapper">
        <div class="div1">TEST</div>
    </div>
</body>
</html>
```

代码 $(".div1").animate({top:'50px', height:'300px', width:'300px'}, 2000); 中，{} 中的内容就是 CSS 样式的键值对，实现了动画效果。

在实际应用中，通过键值对（如 {scrollTop: '0px'}）可以方便地实现页面上下滚动。

```
/* 单击按钮，使页面向上滚动到顶部，用时 500ms*/
$("button").click(function(){
    $("html").animate({scrollTop: '0px'}, 500);
});


/* 单击 id 为 a3 的元素，使页面滚动到 id 为 s3 的元素顶部，实现精准滚动定位，用时 1000ms*/
$("#a3").click(function(){
    $("html").animate({scrollTop: $("#s3").offset().top}, 1000);
});
```

12.5　每课小练

相信读者学习了前面的内容后，可以基本掌握 jQuery 代码的应用方法，接下来可以将以下这些常见的特效用于自己的网页中，以丰富网页效果。

12.5.1 练一练：当鼠标指针悬停时切换图像特效

【练习目的】

- 了解 jQuery 库的引用方法。
- 掌握 jQuery 选择器的属性操作。
- 掌握一般 jQuery 特效的做法与特性。

【练习要求】

使用 jQuery 实现当鼠标指针悬停在左边列表文本上时切换图像，可改为当单击左边列表文本时切换图像，如图 12-2 所示。

◎ 图 12-2　单击切换图像

单击左边列表文本切换图像的参考代码如下。

```
<!DOCTYPE html>
<html>
  <head>
    <meta charset="utf-8">
    <title>jQuery 单击切换图像特效的设计与实现 </title>
    <link rel="stylesheet" href="css/style.css">
    <script src="js/jquery-3.6.1.js"></script>
  </head>
  <body>
    <!-- 标题部分 -->
    <header>
      <h3>jQuery 单击左边列表文本切换图像特效的设计与实现 </h3>
      <hr>
```

```
        </header>
        <!-- 图像轮播部分 -->
        <div class="ppt-container">
            <!-- 将 onmouseover 改为 onclick，单击左边列表文本切换图像 -->
            <ul>
                <li onmouseover="showImage(1)"> 意大利威尼斯 </li>
                <hr>
                <li onmouseover="showImage(2)"> 希腊爱琴海 </li>
                <hr>
                <li onmouseover="showImage(3)"> 巴黎卢浮宫 </li>
                <hr>
                <li onmouseover="showImage(4)"> 印度泰姬陵 </li>
                <hr>
                <li onmouseover="showImage(5)"> 英国巨石阵 </li>
                <hr>
            </ul>
            <img id="pptImage" src="image/3.jpg" />
        </div>
        <script>
            function showImage(name){
                /* 利用 jQuery 的属性操作功能处理图像来源 */
                $("#pptImage").attr("src","image/"+name+".jpg");
            }
        </script>
    </body>
</html>
```

style.css 文件中的样式定义如下。

```
body{
    background-color:#ddd;
}
.ppt-container {  /* 图像轮播容器 */
    width: 800px;
    height: 400px;
    margin:auto;
}
.ppt-container img {  /* 设置内部图像 */
    float:left;
    height:100%;
    width:70%;
}
/* 设置列表及列表项 */
ul {
    list-style-type: none; margin:0; padding:0;  /* 清除无序列表前的小点及内、外边距 */
```

```
    float:left;
    height:100%;
    width:20%;
     background-color: rgba(255,255,255,0.8);
}
li {
    margin-top:25%;
    margin-left:10px;
    padding-left:10px;
}
li:hover{
    color:red;
}
hr{ /* 水平线，默认居中 */
    width:80%;
}
```

【拓展与提高】

（1）如何实现不单击左边列表文本也能自动切换图像，如 2s 切换一张？

（2）如何将上述的图像切换功能改为视频播放切换功能？

12.5.2　学以致用：jQuery 轮播特效实例

【练习目的】

- 掌握 jQuery 库文件的引用方法。
- 掌握 jQuery 选择器的位置操作。
- 熟练掌握 setInterval() 等内置计时函数的使用方法。

【练习要求】

网上大多数轮播特效采用的是 jQuery 代码。图 12-3 展示的是一个使用 jQuery 的淡入淡出效果实现图像轮播特效的网页，4 张图像自动按顺序播放，当单击图像上的左或右箭头时，直接切换到上一张或下一张图像，具体功能解释见代码中的注释部分。

扫一扫

jQuery 图像轮播特效

实现 jQuery 图像轮播特效的步骤如下。

（1）添加网页元素代码。

（2）设置对应的 CSS 样式，由于 4 张图像是叠放的，因此需要将外部容器的属性设置为 position: relative;，内部 4 个 li 元素的属性设置为 position: absolute;，其中 3 张图像的属性设置为 display: none;，即不可见。另外，通过 position: absolute; 将按钮叠放在图像上。

（3）分别定义 last()、next() 函数，在单击左、右按钮时调用这两个函数。

（4）添加 setInterval() 函数，确保在不单击按钮时图像每隔几秒自动轮播。

◎ 图 12-3　淡入淡出图像轮播网页

4 张图像轮播特效的参考代码如下。

```
<!DOCTYPE html>
<html>
  <head>
    <meta charset="utf-8">
    <title>jQuery 图像轮播特效 </title>
    <link rel="stylesheet" href="css/hangzhou.css">
    <script src="js/jquery-3.6.1.js"></script>
  </head>
  <body>
    <!-- 标题 -->
    <h3>Welcome to Hangzhou !-- 杭州欢迎您！ </h3>
    <!-- 水平线 -->
    <hr>
    <!-- 图像轮播区域开始 -->
    <div class="ppt-container">
      <ul>
        <li>
          <img src="image-4seasons/01.jpg" />
          <p> 春天的白堤 </p>
```

```
    </li>
    <li class="hide">
        <img src="image-4seasons/02.jpg" />
        <p> 荷叶田田 </p>
    </li>
    <li class="hide">
        <img src="image-4seasons/03.jpg" />
        <p> 湖滨路一景 </p>
    </li>
    <li class="hide">
        <img src="image-4seasons/04.jpg" />
        <p> 校园冬日 </p>
    </li>
</ul>
<!-- 按钮 1, 用于切换到上一张图像 -->
<button id="btn01" onclick="last()">
    <img src="image-4seasons/left.jpg" width="100%" height="100%" />
</button>
<!-- 按钮 2, 用于切换到下一张图像 -->
<button id="btn02" onclick="next()">
    <img src="image-4seasons/right.jpg" width="100%" height="100%" />
</button>
</div> <!-- 图像轮播区域结束 -->
<!-- 以下为 JavaScript 代码 -->
<script>
    // 当前图像的序号
    var index = 0;
    $(document).ready(function() {
        setInterval("next()", 5000);
    });
    // 切换到下一张图像
    function next() {
        // 当前图像淡出
        $("li:eq(" + index + ")").fadeOut(1500);
        // 判断当前图像的序号是否是最后一个
        if (index == 3)
            // 如果是最后一个, 则将序号设置为第一个
            index = 0;
        else
            // 否则图像的序号自动增 1
            index++;
        // 新图像淡入
        $("li:eq(" + index + ")").fadeIn(1500);
    }
```

```
    // 切换到上一张图像
    function last() {
        // 当前图像淡出
        $("li:eq(" + index + ")").fadeOut(1500);
        // 判断当前图像的序号是否是第一个
        if (index == 0)
            // 如果是第一个，则将序号设置为最后一个
            index = 3;
        else
            // 否则图像的序号自动减1
            index--;
        // 新图像淡入
        $("li:eq(" + index + ")").fadeIn(1500);
    }
    </script>
</body>
</html>
```

其中，使用 jQuery 的淡入 fadeIn()、淡出 fadeOut() 函数，以及计时器 setInterval("next()", 5000); 设置了每隔 5s 自动切换图像，即每隔 5000ms 调用一次 next() 函数；li:eq(index) 为位置选择器，index 从 0 开始，用于获取网页中的 li 元素，这里用于按顺序获取 4 张图像。

在网页的 <head> 标签中，<link rel="stylesheet" href="css/hangzhou.css"> 表示使用外部 CSS 文件，CSS 文件中的样式代码如下。

```
.ppt-container { /* 设置图像轮播区域的样式 */
    width: 800px;
    height: 570px;
    margin: 20px;
    padding: 0px;
    position: relative;
}
.hide { /* 设置隐藏效果 */
    display: none;
}
.ppt-container img { /* 设置图像的样式 */
    width: 100%;
    height: 100%;
}
button { /* 设置按钮的总体样式 */
    position: absolute;
    margin: 10px;
    border: none;
    outline: none;
    background-color: transparent;
```

```
    width: 50px;
    height: 100px;
    /*opacity:0.5;*/
    filter: opacity(50%); /* 转化图像的透明度 */
}
#btn01 { /* 设置按钮 1 的位置 */
    bottom: 38%;
    left: 0%;
}
#btn02 { /* 设置按钮 2 的位置 */
    bottom: 38%;
    left: 92%;
}
ul {  /* 设置列表元素的样式 */
    list-style: none;
    position: relative;
}
li {  /* 设置列表项元素的样式 */
    position: absolute;
    top: 0px;
    left: 0px;
    float: left;
    text-align: center;
}
p {  /* 设置段落元素的样式 */
    position: absolute;
    bottom: 1%;
    left: 0%;
    background-color: rgba(255,255,0,0.5);
    padding: 10px;
    font-size:1.5em;
    font-family: " 微软雅黑 Light";
}
```

【拓展知识】

知识：将 jQuery 特效应用到自己的网页中。

将 jQuery 特效应用到自己的网页中的基本做法与使用 JavaScript 特效代码十分相似。例如，将上述淡入淡出图像轮播的特效放入自己的网页的一般做法如下。

（1）完成页面的布局并预留出一定的空间，通常可以用一个 div 块，并定义好必需的 CSS 样式。

（2）将 <!-- 图像轮播区域 --> 相关的全部网页元素代码放入上述 div 块，注意 div 元素的包含关系。

（3）将 <script>……</script> 中的全部内容复制到网页的 </body> 标签之前，或者网页中任何一个合法的位置。

（4）将 <script src="js/jquery-3.6.1.js"></script> 复制到网页的对应位置，并保证所引用 jQuery 库文件的路径正确。

（5）在浏览器中运行自己的网页，查看结果，根据需要调整 CSS 样式代码，如图像大小、增减图像的个数等，同时请注意图像路径与文件名称是否正确。

12.5.3　常见问题 Q&A

1．能不能把 jQuery 代码改为 JavaScript 代码来实现同样的特效？

答：原则上是可以的，但是需要重新编写代码，而且因为没有使用 jQuery 库，代码将比较烦琐，不建议这么做。

2．怎么知道 jQuery 有哪些现成、好用的特效效果？

答：可以从多个学习网站上了解常见的 jQuery 特效，常见的 jQuery 特效见 12.4 节。

12.6　理论习题

一、选择题

1．jQuery 程序标志性的符号，也被称为工厂函数的是（　　）。

　　A．$　　　　　　B．&　　　　　　C．#　　　　　　D．!

2．以下关于 jQuery 的说法，（　　）是错误的。

　　A．jQuery 是一个开源的、跨平台的 JavaScript 函数库

　　B．轻量级封装、精简 JavaScript、兼容 CSS3，并且支持跨浏览器

　　C．能实现的操作包括 HTML 元素选取、HTML 元素操作、CSS 操作等

　　D．jQuery 一定要在线链接到官网的基本函数库文件才能使用

3．jQuery 的口号是（　　）。

　　A．Write less, do more

　　B．No pains, no gains

　　C．Just do it

　　D．Anything is possible

4．在 jQuery 中，当需要选择网页中唯一的一个 DOM 元素时，最快、最高效的选择器是（　　）。

　　A．后代选择器

　　B．类选择器

　　C．ID 选择器

　　D．属性选择器

二、思考题

1．什么是工厂函数？

2．有哪几种引用 jQuery 库文件的方法？

3．JavaScript 特效与 jQuery 特效有什么区别和联系？

4．尝试下载一段开源的 jQuery 特效代码，并将该代码应用到自己的网页中。

第 13 课　固定宽度网页实例

【学习要点】

- 常见的固定宽度网页实例。
- 将 Flexbox 伸缩盒用于网页局部布局。
- 其他常见页面布局的特点。

【学习预期成果】

　　分析常见的固定宽度网页实例，提高设计与分析页面布局的能力，学习常见网站页面的设计与制作方法，通过制作类似的网页或网站重构进一步巩固 Web 前端页面的布局与制作知识，以及添加 JavaScript 特效的方法。

　　除了手机，最常见的浏览网站设备是笔记本电脑或台式计算机。在这种设备上使用浏览器打开的网站通常是横向的，因此大多数为左右布局。虽然响应式设计或弹性布局逐步成为页面布局的主流，但是传统的固定宽度布局还有一定的市场。更加重要的是，固定宽度布局是学习页面布局的基础。下面为读者分析几个常见的页面。

13.1 IHangzhou 网页

图 13-1 所示为 IHangzhou 网页，该网页的特点如下。

- 左右布局，并且有效页面居中。
- 背景图像充满整个浏览器窗口，当窗口缩放时，背景图像随着不失真缩放。
- 左边导航栏使用无序列表，并且导航项具有小图标。
- 使用 JavaScript 漂浮层特效。

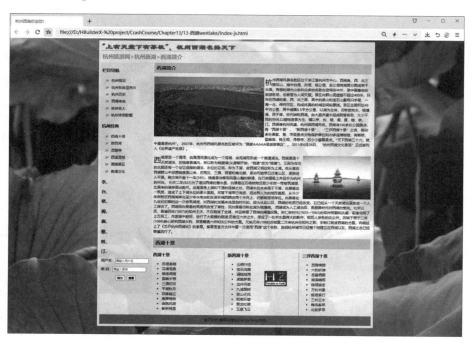

◎ 图 13-1　IHangzhou 网页

13.2 杭州 19 楼网页

图 13-2 展示的是一个使用普通的浏览器打开的网页，该网页内容比较丰富，主体页面较长，按不同主题分为以下几节。

- 顶部是 Banner 和横向导航菜单。
- 导航菜单下的主体部分采用左右布局，并且左边图像具有轮播特效。
- 中间部分是几个分节（section），每节内均匀分布着图文组合。
- 底部是版权信息和其他链接。

◎ 图 13-2　杭州 19 楼网页

13.3　杭州第 19 届亚运会网页

图 13-3 展示的是极具实效性的新闻类网站，实际上是一个结合了数据库的动态网站，其功能齐全。从布局的角度看，该网站采用的是固定宽度左右布局的方法，读者可以自己尝试将其制作为固定内容的静态网站，重现该网页。该网页的前端特点如下。

- 整体采用蓝紫色色调，左右布局。
- 顶部导航菜单可以链接到杭州新闻网站等。
- 顶部的大 Banner 图彰显亚运会主题。
- 单击网页右上角的按钮（见图 13-3 中的圆圈处）可以展开导航菜单，这里是 JavaScript/jQuery 特效。

◎ 图 13-3 杭州第 19 届亚运会网页

【拓展知识】

知识 1：动态网站。

动态网站以数据库技术为基础，可以实现更多的功能，如用户注册、用户登录、在线调查、用户管理、订单管理等，大大降低了网站维护的工作量。

动态网页实际上不是独立存在于服务器上的网页文件，只有当用户请求时服务器才会生成并返回一个完整的网页。

知识 2：响应式网站。

当前，许多网站都采用响应式设计。图 13-4 所示为英文版的个人网页，该网页特点如下。

使用 Bootstrap 的响应式设计框架，大屏幕、小屏幕的布局与视觉效果是不同的。也就是说，当使用普通计算机访问该网页时，页面左右布局，主要导航项横向排列，并全部可见；当用手机访问该网页时，页面上下布局，主要导航项垂直排列并隐藏。

◎ 图 13-4 英文版的个人网页

13.4　每课小练

13.4.1　练一练：页面布局分析与重现

【练习目的】

- 了解一般企业网站的特点。
- 分析不同网页的布局特点，进一步巩固使用 CSS+DIV 固定宽度布局的方法。
- 掌握固定宽度网页的设计与制作方法。

【练习要求】

上网浏览网站，重点浏览企业网站，选定一个网页，分析该网页的布局，并通过自己的方法重新构建该网页，要求视觉效果尽量相同。

选用网页的原则如下。

（1）页面内容相对简洁，不建议选用综合性网站。

（2）布局相对规范，不建议选用具有很多 jQuery 特效的网页。

（3）如果是相对复杂的网页，则可以视情况简化，如模仿杭州 19 楼网页。

具体做法如下。

（1）查找并明确要模仿的典型左右布局中小型网站。

（2）下载文本及图像等素材，不下载其 CSS 样式。

（3）分析原始页面布局，自己定义 CSS 选择器等，重新设计并实现该布局。

（4）根据原始网页样式，通过自己的方法（如设置与原始网页中相同大小的图像、利用取色器获取原始颜色）模仿该网页的效果。

13.4.2　学以致用：开发创意网站

【练习目的】

- 分析并设计一个创意网站。
- 将自己的想法用代码实现。
- 综合利用所学知识，灵活运用并融会贯通。

【练习要求】

为自己设计一个创意网站，分析制作一个网站项目需要做哪些工作，并要求符合以下一般静态网页制作标准。

（1）HTML5 文件结构。

（2）基本 CSS+DIV 布局。

（3）采用外部 CSS 样式文件，文件管理规范。

（4）美化的 JavaScript 特效或 CSS3 特效。

13.4.3　常见问题 Q&A

（1）如何知道所看到的网站是动态网站还是静态网站？

答：简单地说，动态网站中的网页内容可以通过数据库进行动态更新，服务器执行完程序后，将结果发送到浏览器上，是通过 JSP、ASP 等技术实现的，而静态网站不需要执行程序，即不发送结果到后台服务器，浏览器自己就能处理静态网页。浏览器地址栏中具有 .jsp、.asp、.php 等扩展名的网站，都是动态网站。可以简单地根据网站用途来区分：如果数据信息更新不频繁，则一般为静态网站；如果需要经常更新信息，如新闻页面、产品展示信息页面等，则为动态网站。

（2）怎么知道哪个是响应式网站？哪个不是？

答：用不同的设备（台式计算机、手机）访问网站，如果看到的是不同的页面效果，一般就是响应式网站；在缩放浏览器窗口（改变其视口大小）后，如果看到的效果不同，则是响应式网站。

13.5　理论习题

一、选择题

1. 以下关于网站的说法，错误的是（　　　）。

    A．网站按功能可以分为搜索引擎、企业中小型网站、政府网站、电子商务网站等

    B．网站可以分为固定宽度布局、响应式弹性布局等

    C．具有 JavaScript 动态效果（如漂浮的层、图像轮播等）的网站被称为动态网站

    D．通常一个网站由多个网页组成，网页与网页之间通过超链接或程序代码实现跳转

2. （　　　）不属于网站表单的功能。

    A．已注册用户的登录

    B．注册页面中新用户信息的填写

    C．用户注册时表单数据（如用户名、密码合法性）的验证

    D．单击按钮的超链接后，打开另外一个网页

二、思考题

1. 在网上搜索你常浏览的网站，分析页面布局，判断网页是左中右布局还是左右布局，是否为响应式布局。

2. 如何从网页中查找并下载图像、文本等资料？

3. 如何查找实际网站中网页的 CSS 样式？

4. 如何查找实际网站中网页的 JavaScript 特效代码？

第 14 课　响应式设计基础

【学习要点】

- 响应式设计的特点。
- 媒体查询与断点。
- 两段响应式布局方法。

【学习预期成果】

　　了解响应式设计的特点；掌握视口、媒体查询、断点等基本概念；能够在 CSS 样式中利用 @media 进行不同断点布局设计，实现两段响应式的页面制作。

　　响应式设计也被称为响应式 Web 设计，是一种统一的解决方案，可以让一个网站作品同时适配手机、平板电脑和台式计算机。也就是说，响应式网站可以根据屏幕大小自动调整布局，为不同的显示终端提供最佳用户体验。响应式设计技术的基础是 HTML 与 CSS。

14.1 响应式网站概述

随着智能手机的普及，现在我们访问网站的方式有多种，除了用台式计算机、笔记本电脑，还可以用平板电脑及手机来访问。以前，网站设计及其访问是区分移动端与计算机端的，即当使用手机访问某个网站时，访问的是移动端的网站内容与网址；当使用台式计算机访问某个网站时，访问的是另外的网站内容与网址。因此，网站设计师不得不设计两套方案，以适应两种终端的网站访问需求。

2010 年 5 月，美国资深网页设计师 Ethan Marcotte 提出了响应式设计的概念，即一个网站能够兼容多个终端，而不是为每个终端制作一个特定的版本。这种网站使用了自适应的响应式设计方法，如果分别使用不同设备访问同一个网站，则其显示结果是不同的。

以前，通常使用固定宽度来设计网页，但是自从智能手机的普及，自适应的弹性布局网页成为前端设计的主流。读者可以发现，现在很多网站已经可以在不同尺寸的设备上很好地自适应显示。

14.1.1 最简单的响应式设计 CSS 样式代码

最简单的响应式网页的 CSS 样式代码如下。该代码的作用是在不同屏幕上显示不同背景颜色：当在小屏幕时，显示淡蓝色背景；当在大屏幕时，显示粉色背景。

```
<style>
/* 小屏幕及通用 CSS 样式代码 */
body { background-color:#ADE8F8 ;  /* 淡蓝色背景 */ }
/* 大屏幕 CSS 样式代码 */
@media only screen and (min-width:640px) { /* 注意："and"后面的空格不能省略 */
   body { background-color:#FFCEFF; /* 粉色背景 */ }
}     /* 此花括号不能省略 */
<style>
```

当运行上述代码后，缩放浏览器窗口，将使视口的大小产生变化，网页会显现不同颜色的背景。上述代码可以用于测试浏览器是否支持媒体查询，以及响应式设计的媒体查询条件代码是否有误。

14.1.2 视口

响应式设计是一种使网站可以兼容任何设备类型和任何屏幕尺寸的方法，也是一种与视口（Viewport）相关的设计。

视口是指浏览器窗口中的内容区域，不包含工具栏、标签栏等。14.1.1 节最简单的响应式设计 CSS 样式代码"min-width:640px"中的 640px 就是视口尺寸，当缩放浏览器窗口时，视口大小会产生变化。不同显示设备上的浏览器，视口大小会有所差异。注意：视口与屏幕尺寸是不同的，屏幕尺寸是指设备的物理显示区域。

通常，如果想要顺利地在移动端正常访问响应式网页，如第 6 课讲述的内容，则需要利用 <meta> 标签中的 viewport 属性，具体如下。

```
<meta name="viewport" content="width=device-width,initial-scale=1.0" >
```

该语句的含义是让当前视口的宽度等于设备的宽度，同时禁止用户手动缩放。

14.1.3　响应式技术

响应式网页的特点是能自适应，即适应不同的设备尺寸或视口宽度，网页展示不同的布局，如单列、两列、多列布局。实现响应式效果的方法是在 CSS 样式中添加媒体查询 @media 语句及其对应的 CSS 样式代码，其主要技术还是原来的 HTML 网页设计基础。从本质上来说，响应式可以被看作 CSS 的一部分，因为其关键的媒体查询 @media 语句是写在 CSS 样式代码中的。

响应式技术包括 HTML、CSS 样式、盒子模型、HTML5 标准、浏览器支持性等。响应式技术结合媒体查询，通过盒子模型的 CSS 样式，可以完成不同视口的页面布局。响应式技术常用的属性包括 margin、padding、border、width、height、position、float 与 clear 等。

14.2　媒体查询与断点

扫一扫

媒体查询

响应式设计的核心技术是媒体查询（Media Queries）与断点（Breakpoints），属于 CSS3 模块，于 2012 年加入 W3C 标准。媒体查询是指 CSS 的 @media 规则允许根据不同的设备特点设置不同的 CSS 样式，即允许根据媒体的实际情况，如根据屏幕分辨率（智能手机屏幕或计算机屏幕）来自动调整渲染网页内容，对不同的媒体类型指定不同的样式，从而让一个页面适用于不同的终端。

14.2.1　媒体查询的语法规则

响应式设计最常用的媒体类型包括 screen（屏幕）、print（打印）和 all（全部）。其中，screen 用于计算机屏幕、平板电脑、智能手机等，print 用于打印和打印预览，all 用于所有设备。

媒体查询的语法规则如下。

```
@media 媒体类型 and ( 媒体特性 ) {
/*CSS 样式代码 */
}
```

媒体类型可以是 screen，也可以是 print；条件可以使用 only、not 或 and，结合断点设置的 max-width 与 min-width 值，可以组成响应式设计的全部条件要求；CSS 样式则写在后面的花括号中。媒体查询条件如图 14-1 所示。

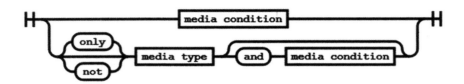

◎ 图 14-1　媒体查询条件

针对屏幕的媒体查询语句如下。

```
@media only screen and (max-width:1024px) and (min-width:300px){
  .div1{color:red;}
}
```

针对打印的媒体查询语句如下。

```
@media print {
  body{ text-shadow: none !important; color: #000 !important;
    background: transparent !important; box-shadow: none !important; }
}
```

其中，!important 的作用是提升 CSS 样式规则的应用优先级。

14.2.2　断点与多段响应式

媒体查询离不开断点。断点是指让网页的布局和样式产生变化的地方，即在不同的视口中，网页应用不同的 CSS 样式，让用户有更好的阅读和导航体验。

在 14.1.1 节中，最简单的响应式设计 CSS 样式代码只包含一个断点，可被称为两段响应式网页。如果再增加一个断点，则是三段响应式网页。三段响应式网页的设置方法如下。

```
<style>
  /* 通用 CSS 样式代码，小屏幕 */
  @media only screen and (min-width: 560px){
  /* 中屏幕 CSS 样式代码 */
  }
  @media only screen and (min-width: 800px){
  /* 大屏幕 CSS 样式代码 */
  }
</style>
```

以此类推，可以实现更多段的响应式设计。

当然，除了设置不同视口下 body 元素的背景颜色，一般还需要在对应的中屏幕、大屏幕等范围内，添加不同媒体条件下的 CSS 样式，如边框线的粗细、形状，字体的颜色、大小等，使网页在不同页面宽度下显示不同效果，如图 14-2 所示。

◎ 图 14-2　不同页面宽度下的网页

14.2.3　断点取值

在响应式设计中，通过设置断点，利用媒体查询来检测视口的大小，可以改变网页样式。在媒体查询中，对应的 min-width 或 max-width 值就是断点。断点是网页内容、布局等出现变化的临界点，通常表现出以下变化。

- 明显的变化，如列数的变化、内容的隐藏或显示等。
- 细微的变化，如文字的大小等。

断点的主要作用是重排布局，而这种布局通常为流式布局。在断点分析中，常常考虑手机（mobile）屏幕、平板（tablet）电脑屏幕、台式（desktop）计算机屏幕等各种设备的视口大小。

根据电子产品行业标准，传统的设备屏幕尺寸如下。

- 手机：纵向（竖屏）<480px，横向 480～767px。
- 平板电脑纵向：768～959px。
- 台式计算机或平板电脑横向：960～1199px。
- 大屏幕设备：1200px 及以上。

也就是说，当设置断点时，视口范围为 480～767px 的设备为小屏幕，采用单列布局；视口范围为 768～959px 的设备为中屏幕，采用两列布局；视口范围为 960～1200px 的设备为大屏幕；视口范围为 1200px 及以上的设备为超大屏幕。目前最为经典的三段响应式网页的断点值分别为 768px、992px、1200px。

断点值的单位通常为 px 或 em。在一般情况下，1em 等于 16px。

```
@media only screen and (min-width:30em) {
    /*CSS 样式代码 */
}
```

把其中的 min-width:30em 改为 min-width:480px，结果是一样的。

14.3　弹性布局

传统的布局方式通常使用固定宽度页面并且居中显示。单列布局的样式代码如下。

```
#fullpage{/* 设置固定的有效页面宽度，左、右外边距为 auto，保证 #fullpage 居中显示 */
    width:1000px;
```

```
    margin-left: auto;
    margin-right: auto;
}
```

在进行左右两列布局时，通常使用 float 属性使左、右布局块并排。例如：

```
#leftbar{
    width:400px;
    float:left;
}
#rightbar{
    width:600px;
    float:right;
}
```

现在自适应布局的网页已经成为当前网页设计中的一种常见方式。对左、右布局块来说，一般使用百分比代替固定宽度。

```
#fullpage{
    max-width:1000px; /* 设置最大有效页面宽度 */
    margin-left: auto;
    margin-right: auto;
}
/* 自适应宽度的两列布局 */
#leftbar{
    width:35%; /* 如果左布局块的宽度为35%，则右布局块的宽度不能超过65%*/
    float:left;
}
#rightbar{
    width:60%; /* 与左布局块对齐，为页面的内、外边距留出宽度裕量 */
    float:right;
}
</style>
```

需要注意的是，为了保证在不同宽度的大屏幕中看到相同的视觉效果，通常使用 max-width 设置页面的最大有效宽度。当视口尺寸小于该值时，显示自适应效果；当视口尺寸大于该值时，显示页面居中的效果。

在实际应用中，有时需要左布局块的宽度固定，右布局块的宽度根据内容自动调整，设置方式是将左布局块的宽度设为固定值，靠左浮动，不设置右布局块的宽度，不浮动，并且使用 margin-left 属性，将位置留给左布局块，具体如下。

```
#leftbar{
    width:300px;
    float:left;  /* 靠左浮动，与右布局块对齐 */
    ......
}
```

```
#rightbar{
   margin-left:302px;  /* 留出左布局块的宽度 */
   ……

}
```

简而言之，在进行自适应布局时，页面的宽度一般使用百分比值，并使用 max-width 和 min-width 等属性，%、em、rem 等单位。

14.4　响应式左右布局

有了前面的基础，结合媒体查询与弹性布局，读者就可以很方便地实现响应式布局了。响应式布局的关键代码如下。

```
<style>
   /* 通用的小屏幕的 CSS 样式代码，不在媒体查询语句内 */
   body {
      background-color:#ADE8F8 ; /* 淡蓝色背景 */
   }
   #fullpage{
      max-width:1000px;  /* 设置最大有效页面宽度 */
      margin: 0px auto;   /* 设置有效页面居中 */
   }
   #leftbar{ width:100%; }
   #rightbar{ width:100%; }

   /* 媒体查询开始，视口尺寸大于或等于 768px 时的 CSS 样式代码 */
   @media only screen and (min-width:768px) {
      body{ background-color:#FFCEFF; /* 粉色背景 */ }
      #leftbar{   /* 自适应宽度的两列布局 */
         width:40%;
         float:left;
      }
      #rightbar{
         width:60%; /* 与左边块对齐，留出宽度裕量 */
         float:right;
      }
      footer  { clear:both; }
   } /* 媒体查询结束 */
</style>
```

当网页窗口（视口）的宽度小于 768px 时，页面显示淡蓝色背景，同时 #leftbar 块、#rightbar 块的宽度均为 100%；当网页窗口的宽度大于或等于 768px 时，页面显示粉色背景，#leftbar 块的宽度为 40%，#rightbar 块的宽度为 60%。根据前面学到的知识，实际上可以不

需要写小屏幕时 #leftbar 块、#rightbar 块的宽度 CSS 样式代码，因为块级元素的默认宽度是 100%。另外，footer 的 clear:both; 也可以写在通用的小屏幕的 CSS 样式代码中。CSS 样式代码是从上往下执行的，如果媒体查询 @media only screen and (min-width:768px){}（在大屏幕时）中未重新编写样式，则保持之前小屏幕的样式不变。

14.5 每课小练

14.5.1 练一练：两段响应式布局

【练习目的】

- 了解响应式网站的特点，掌握响应式网页的基本原理与制作方法。
- 掌握媒体查询的应用。
- 掌握断点的分析与设定。
- 掌握使用 CSS 样式进行不同断点布局设计。

使用媒体查询，制作两段响应式布局网页，完成两段响应式布局的基本练习，如图 14-3 所示。

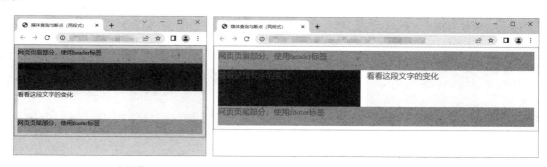

（a）小屏幕　　　　　　　　　　　　（b）大屏幕

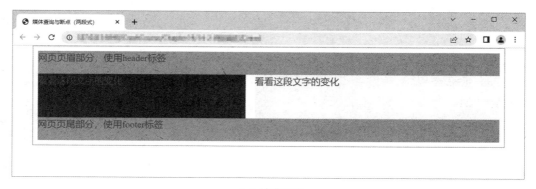

（c）铺满屏幕

◎ 图 14-3　两段响应式布局

全部代码如下。

```html
<!DOCTYPE html>
<html>
  <head>
    <meta charset="utf-8">
    <title> 媒体查询与断点（两段式）</title>
    <style>
      *{margin:0; padding:0;}  /* 通用选择器 */
      body { background-color: #E6E6E6; }
      header,footer{ background-color:#B3B8FD; }
      img{max-width:100%;}  /* 保证图像不超出其父元素的宽度 */
      #fullpage { /* 当视口宽度超过 1024px 时，有效页面居中 */
        max-width:1024px;
        padding: 0.5em;
        border: 2px solid #999;  /* 边框线 */
        margin:auto;
      }
      /* 左布局块，可以不设置其宽度，默认值为 100% */
      #leftbar { background-color:#669;  width:100%;}
      #rightbar { background-color:#FF9; width:100%;}  /* 右布局块 */
      /* 媒体查询开始，断点值为 40em，或者可以写为 640px*/
      @media only screen and (min-width:40em){
        body {
          background-color:#FFF;
          font-size:1.3em;
          color:#F00;
        }
        #leftbar{ width:45%; float:left}  /* 在大屏幕时，左布局块的宽度为 45%，靠左浮动 */
        #rightbar { width:53%; float:right;}  /* 在大屏幕时，右布局块的宽度为 53%，靠右浮动 */
        #fullpage { border: 2px solid #CCC; }
        footer{ clear:both; }  /* 清除 float 属性的影响，保证 footer 在左、右布局块的下方 */
      } /* 媒体查询结束 */
    </style>
  </head>
  <body>
    <div id="fullpage">
      <header>
        <p> 网页页眉部分，使用 header 标签 </p>
        <p> </p>
      </header>
      <div id="leftbar">
        <p> 看看这段文字的变化 </p>
        <p> </p>
        <p> </p>
        <p> </p>
```

```
        </div>
        <div id="rightbar">
            <p> 看看这段文字的变化 </p>
            <p> </p>
            <p> </p>
            <p> </p>
        </div>
        <footer>
            <p> 网页页尾部分，使用 footer 标签 </p>
            <p> </p>
        </footer>
    </div>
  </body>
</html>
```

14.5.2 学以致用：制作响应式 IPanda 网页

【练习目的】

通过使用媒体查询，制作一个具有断点的两段响应式 IPanda 网页。

【练习要求】

把第 7 课的 IPanda 网页改为响应式的，实际上只要注意媒体查询 @media 的应用与断点的设置，其他 CSS 样式的设置方法不变。读者可以自行设定断点值，但要从小屏幕开始，如在小屏幕（宽度小于 40em）时显示如图 14-4（a）所示的网页，在大屏幕（宽度大于或等于 40em）时显示如图 14-4（b）所示的网页。需要注意的是，横向导航项需要使用百分比宽度。制作响应式 IPanda 网页的具体步骤如下。

（1）正常设置通用、小屏幕时的 CSS 样式与布局，注意选择器命名要规范、统一，在小屏幕中要考虑大屏幕时左、右布局块的名称与定义。CSS 样式代码框架如下。

```
<style>
  /* 此处写通用、小屏幕时的 CSS 样式代码 */
  @media only screen and (min-width:40em){
    /* 此处写大屏幕时的 CSS 样式代码 */
  }
</style>
```

（2）在对应位置添加 CSS 样式代码，先完成小屏幕时的 CSS 样式，再通过媒体查询来调整大屏幕时的 CSS 样式（可以只编写与小屏幕时不同部分的代码）。

（3）美化小屏幕时的竖向导航菜单，并调整图像宽度，效果如图 14-4（c）所示。

（4）增加一个限制最大宽度的断点：在 #fullpage 块中使用 max-width 属性，以保证弹性外框的有效页面宽度，并使用 min-width 属性来限制其最小宽度。

需要注意的是，图像大小尽量使用百分比，并设置图像的属性为 max-width:100%;，以保证图像宽度不超过页面宽度。响应式 IPanda 网页最终结果如图 14-4（c）和图 14-4（d）所示。

（a）断点左（宽度小于 40em）

（b）断点右（宽度大于或等于 40em）

（c）响应式 IPanda 网页最终效果（小屏幕）

（d）响应式 IPanda 网页最终效果（大屏幕）

◎　图 14-4　具有断点的两段响应式 IPanda 网页

14.5.3　常见问题 Q&A

（1）在设置弹性图像的宽度为 100% 时，图像溢出了（超出其父元素的宽度了）怎么办？

答：在设置图像宽度时，如果同时设置了内、外边距（margin、padding），则需要把图像的宽度改小一点，以保证宽度总和不超过 100%（参考盒子模型宽度的计算方法）。

（2）为什么利用 @media 设置了断点，当改变浏览器窗口的视口大小时，页面却没有变化？

答：一个可能的原因是 "@media only screen and (){ …… }" 中 "and" 与 "()" 之间缺少空格，这里的空格是不能省略的；另一个可能的原因是浏览器窗口的分辨率太大或太小，当缩放窗口时，没有达到断点值。

14.6　理论习题

一、选择题

1. 当要限制一个网页的有效页面的最大宽度时，可以采用（　　）属性。

　　A．max-width　　　　B．width　　　　　C．min-width　　D．height

2. 在响应式设计中，经常需要使用（　　）属性来设置网页元素为不可见。

　　A．display:block;　　　　　　　　B．display:none;
　　C．visibility: hidden;　　　　　　D．visibility: visible;

3. 以下关于响应式设计说法，（　　）是正确的。

　　A．在媒体查询中，经常使用 only screen and (min-width:640px){ CSS 样式代码 }，这里 min-width 尺寸指的是视口尺寸，也就是屏幕尺寸

　　B．响应式网站的布局设计一般从小屏幕开始，因此设计师从来不从大屏幕开始设计网页

　　C．当设计响应式网站时，一旦设置了断点，就不能改动这个断点，也不能增加断点

　　D．断点是响应式设计中的重要概念，在网页有明显的列的变化或调整文字大小的细微变化时，都需要设置断点

4. 在使用媒体查询进行网页设计时，以下说法错误的是（　　）。

　　A．使用背景颜色来测试媒体查询表达式（或查看布局块）是个很好的办法

　　B．在媒体查询中添加断点，可以使用 min-width 或 max-width 属性

　　C．必须将所有的 CSS 选择器定义在媒体查询中，即在 @media only screen and (min-width: 40em){ } 的花括号中

　　D．同样的查询语句，如 @media only screen and (min-width: 40em){ }，可以重复出现在 CSS 文件中

二、思考题

1. 什么是媒体查询？
2. 什么是视口？

3．如何确定响应式设计中的断点值？

4．在响应式设计中，如何保证小屏幕设计界面在手机屏幕中正确显示？

5．当前常用的响应式设计框架有哪些？请举例说明。

6．如何将固定宽度改为弹性宽度？

7．在弹性网页中，如何保证图像正常显示不溢出？

8．上网搜索响应式网站，分析并解释以下几个问题。

•   查看并分析网站断点个数及断点宽度值。

•   分析网站不同屏幕尺寸的布局与设计。

•   查看网站用了哪些网页框架或工具包。

•   查看网站的 JavaScript、CSS 样式代码。

第 15 课　响应式设计的特点及应用

【学习要点】

- 响应式设计的原则与策略。
- 多段响应式布局方法。
- 网页的图形应用类型。
- 利用 @font-face 功能实现自定义字体。
- 响应式设计综合实例。

【学习预期成果】

　　根据设计原则，合理使用断点进行响应式的分段设计，使用弹性图像，并结合 CSS3 美化页面，做到以用户为中心来设计网页。

　　现在前端开发技术大多采用响应式设计开发框架，如 Bootstrap（来自 Twitter）、Amaze UI（国内较早的开源框架）等，利用这些框架，开发者可以采用模块化设计，极大地提高项目开发效率。了解并掌握响应式设计的特点、弹性布局与弹性图像的使用方法，是响应式设计综合项目开发的基础。

15.1　响应式设计的特点

15.1.1　设计原则

前面介绍响应式网页的特点是网页在不同的视口宽度中能自适应，根据需要展示不同的布局与样式。响应式设计要求不同宽度布局的过渡要平稳，并遵循以下基本设计原则。

1．"移动优先"的"渐进增强"原则

移动优先（Mobile First）就是要保证移动端（手机版）的正常应用，通常从小屏幕开始设计，先满足小屏幕的布局设计要求，再逐渐增加内容，遵循"渐进增强"原则。

2．内容策略

内容策略（Content Strategy）是规划和管理内容的一种方法，在设计时要尽量考虑以下几点。

（1）内容为先，仅使用需要的内容，以减少用户及网站所有者的成本。

（2）使用分级标题和列表，内容自适应。

（3）创建长期有效的内容。

（4）注重用户体验。

3．网页测试

响应式网页开发完成后，网页测试很重要。网页测试包括在仿真器／模拟器上测试，以及在真实设备（如手机、平板电脑、台式计算机等）上进行测试。

15.1.2　响应式设计考虑要点

响应式设计具体实践方式由多方面组成，包括弹性网格和布局、图像、媒体查询的使用等，其中关键的一点在于布局，在实践时需要考虑以下几点。

1．内容的取舍

随着屏幕尺寸变得越来越小，内容所占的垂直空间相应减少，因此需要对内容进行取舍，使小屏幕能够展示重要的部分；随着视口的增大，内容相应增加，这就是所谓的"渐进增强"。

2．使用相对单位

由于视口宽度不同，使用百分比等相对单位，比使用像素单位更加合适。

3．断点的位置

断点的位置通常取决于内容，通过媒体查询，可以让页面布局在预设的点产生变化，如在移动设备上仅显示一列，在平板电脑上显示两列，在台式计算机上显示三列。

4．设置最大值和最小值

对有效页面设置最大值 / 最小值是常见的做法，如当设置 max-width:1200px; 时，内容将以不超过 1200px 的宽度填充屏幕。

5．确定移动优先还是台式计算机优先

对初学者来说，响应式设计实践应"移动优先"，即从小屏幕过渡到大屏幕，这样比较容易。在实际项目开发中，从大屏幕过渡到小屏幕（台式计算机优先）也是可以的，主要看开发者更适应哪种方式。

6．是否使用自定义字体

使用自定义字体能满足网站中对特别字体效果的需求，不过这样需要用户下载字体库，会影响网页加载速度。如果对字体没特别要求，就使用系统字体。

7．使用普通位图还是矢量图

网页中的图像均为位图格式，如 .jpg、.png 或 .gif 等，矢量图一般为 SVG 格式或图标字体。

15.1.3　弹性布局

前面已经提到，自适应布局是当前网页设计中的一种常见方式，它使用百分比来代替固定值，并且通常需要设置页面的最大宽度。此外，为了避免网页在水平方向上出现不必要的滚动条，网页中的各个布局块应使用百分比来定义。

```
<style>
  #fullpage{
    max-width:1280px; /* 设置最大有效页面宽度 */
    margin-left: auto;
    margin-right: auto;
  }
  #leftbar{  /* 自适应宽度的两列布局 */
    width:35%;
    float:left;
  }
  #rightbar{
    width:60%; /* 与左布局块对齐，宽度之和不能超过 100% */
    float:right;
  }
  header,footer { clear:both; }  /* 清除 float 属性的影响 */
  img{ width:100%; max-width: 100%;}  /* 控制图像尺寸 */
</style>
```

需要注意的是，为了保证某些布局块不受 float 属性的影响（保证在下方），还需要使用 clear:both;。对图像来说，需要通过 max-width 属性来控制尺寸，这是响应式设计中设置的规定动作。

15.2　多段响应式布局实例

图 15-1 所示为三段响应式 Oscar 网页。该网页的布局代码如下。

（a）小屏幕　　　　　　　（b）中屏幕　　　　　　　（c）大屏幕

◎ 图 15-1　三段响应式 Oscar 网页

通用及小屏幕时的 CSS 样式代码如下。

```css
/* 通用及小屏幕时的 CSS 样式代码 */
#wrap { /* 设置最外层容器的最大宽度，并居中显示 */
    max-width: 1080px;
    margin-right: auto;
    margin-left: auto;
}
#content {    /* 包含小金人与文本的布局块部分 */
    width: 100%; /* 在小屏幕时，宽度为 100%*/
    overflow: hidden; /* 保证自身内容高度 */
}
header nav{  /* 设置背景颜色，方便查看布局 */
    background-color: #FFA500; }
nav ul li {
```

```
    padding-right: 1em;
    padding-left: 1em;
    line-height: 2em;
}
#side {   /* 包含 4 张图像的布局块 */
    width: 100%; /* 在小屏幕时，宽度为 100%*/
}
#side section img {  /* 将图像的宽度设置为百分比 */
    width: 45%;
    padding: 2%;
}
#foot {
    clear: both;  /* 不受 float 属性的影响，保证在下方 */
}
```

完成小屏幕的样式后，针对中屏幕的布局要求，在媒体查询中重写选择器代码。例如：

```
/* 中屏幕媒体查询开始 */
@media only screen and (min-width: 680px){
    header nav{
        background-color: #FFA500;
        overflow: hidden; /* 保证自身内容高度 */
    }
    nav ul li {
        float: left; /* 导航横向排列，必须编写 */
        padding-right: 1em; /* 与前面重复的部分，可不编写，下同 */
        padding-left: 1em;
        line-height: 2em;
    }
    #content {
        width: 100%; /* 在中屏幕时，宽度为 100%，可不编写 */
    }
    #side {
        width: 100%; /* 在中屏幕时，宽度为 100%，可不编写 */
    }
} /* 中屏幕媒体查询结束 */
```

在大屏幕中，只需对主体部分进行左右布局即可，其他样式无变化，无须重写其他选择器代码，具体如下。

```
/* 大屏幕媒体查询开始 */
@media only screen and (min-width:780px){
    #content {  /* 在大屏幕时，宽度为 60%，靠右浮动 */
        float: right;
        width: 60%;
    }
}
```

```
#side {  /* 在大屏幕时，宽度为 40%，靠左浮动 */
    float: left;
    width: 40%;
}
}  /* 大屏幕媒体查询结束 */
```

【拓展知识】

知识 1：响应式网站框架。

市面上有许多已经成熟的响应式前端开发框架，用户只需下载对应的框架文件，并按照指定的规则进行布局，即可十分方便、快速地建设响应式网站。常见的响应式网站框架包括 Ivory、Foundation、Bootstrap、Amaze UI 等。

知识 2：Bootstrap 简介。

Bootstrap 是基于 HTML、CSS、JavaScript、开源的工具包，用于前端开发，提供了 HTML 和 CSS 规范，简洁灵活，使得 Web 开发更加快捷。Bootstrap 由 Twitter 公司的设计师 MarkOtto 和 Jacob Thornton 联合开发，是一个 CSS/HTML 框架。

知识 3：Bootstrap 框架。

Bootstrap 框架的基本文件如图 15-2 所示。

名称	类型	大小
mybootstrap-test.html	360 se HTML Do...	6 KB
jquery.min.js	JavaScript 文件	94 KB
bootstrap.min.js	JavaScript 文件	32 KB
bootstrap.min.css	CSS 文件	107 KB

◎ 图 15-2　Bootstrap 框架的基本文件

应用 Bootstrap 框架的网页在不同的屏幕（显示宽度）下的效果如图 15-3 所示。

（a）小屏幕　　　　　　　　（b）中屏幕　　　　　　　　（c）大屏幕

◎ 图 15-3　应用 Boostrap 框架的网页在不同屏幕（显示宽度）下的效果

在小屏幕时，导航菜单隐藏，单击右上角的条形块，可以弹出下拉导航菜单。

在中屏幕时，导航菜单显示，主体内容为上中下布局，并且可以隐藏部分内容。导航菜单的 dropdown 下拉效果使用 jQuery 设计实现。

> 在大屏幕时，显示导航菜单，主体内容为左中右布局。
>
> 上述网页采用的是三段式布局，断点值分别为 768px、920px、1200px。

15.3 网页中的图像

在自适应网页中，通常要求图像能自适应页面。读者在 2.4 节中已经学过，一般网页中的图像包括内容图像、背景图像，并且这些图像是以 .jpg、.png 等为扩展名的位图。由于 CSS3 技术的发展，一些传统做法的图像可以利用 CSS 样式来替代，如利用 CSS3 的颜色渐变属性和阴影属性为按钮添加立体效果。另外，除了利用 CSS3，还可以使用图标字体或 SVG（Scalable Vector Graphics，可伸缩矢量图形）来替代一般图像。

15.3.1 弹性图像

在响应式设计中，页面通常采用弹性布局，因此需要弹性图像，让该图像自适应父元素。为了更好地布局，在内容和策略上，我们需要使用大小合适的图像，并对图像进行优化，如使用图像来替代文本（属性名为 alt）等。例如：

```
<img src="images/filename.jpg" alt="pictext" />
```

1．弹性内容图像

在响应式设计中，弹性内容图像的设置方法如下。

（1）在 <img> 标签中不使用 height、width 属性，即使用宽度、高度值，图像将以原始尺寸显示，并在 CSS 样式中设置图像的高度和宽度等属性。

（2）在通用 CSS 样式中使用以下百分比宽度。

```
img{
    max-width: 100%;
    width: 100%; }
```

2．弹性背景图像

现在，越来越多的网站采用弹性背景图像来装饰自己的网页。设置网页背景图像，并且图像不失真的方法如下。

```
background-image: url('../images/01.jpg') no-repeat center center fixed;
background-size: cover;
```

需要注意的是，这里通过将图像的属性设置为 background-size:cover; 来保持背景图像的长宽比例不变和不失真，如图 15-4 所示。但是，如果将图像的属性设置为 background-size:100% 100%;，则会把图像拉伸到其父元素的宽度和高度，不能保证长宽比例不变。

◎ 图 15-4　弹性背景图像

15.3.2　常见的网页图像文件类型

网页图像包括两种类型：位图与矢量图。位图就是像素图，经过放大后会模糊；矢量图可以无限放大而不失真。

1. 位图

位图是网页中常用的图像格式，包括以下 3 种类型。

（1）JPEG。

JPEG 是常见的图像格式，如一般图像、照片等，支持 256^3 真色彩（24 位真色彩），但不支持透明色。

（2）GIF。

GIF 颜色数量比较少，只有 256 种颜色，支持透明色，优点是压缩比高，文件小。

（3）PNG。

PNG 分为两种：一种是 8 位、256 色，另一种是 24 位、1600 万种颜色，二者均支持透明色。

2. 矢量图

网页中的矢量图是 SVG。SVG 适用于网页中需要随时放大而不失真的图形。Facebook、Twitter 等社交媒体的 Logo 就是 .svg 格式的图形，如图 15-5 所示。

◎ 图 15-5　社交媒体的 Logo

SVG 以 XML 格式保存信息，利用 JavaScript 命令来画图，可以任意放大而不失真。图 15-6 所示的五角星图形就是利用矢量方式绘制的 SVG，代码如下。

◎ 图 15-6　五角星图形

```
<?xml version="1.0" encoding="UTF-8" standalone="no"?>
    <svg width="198px" height="188px" version="1.1" viewbox="0 0  198 188" xmlns="http:// www.w3.org/2000/
svg" xmlns:xlink="http://www.w3.org/1999/xlink" xmlns:sketch="http://www. w3.org/1999/sketch/ns">
    <title> star</title>
    <desc>Create a star with sketch</desc>
    <defs></defs>
    <g id="page-1" stroke="none" stroke-width="1" fill="none" fillrull="evenodd" sketch: type="MSPage">
      <polygon id="star-1" stroke="#979797" stroke-width="3" fill="#E81C" sketch:type= "MSShapeGroup"
points="99 154 40 184 51 119 3 73 69 63 99 4 128 63 194 73 146 119 157 184"></polygon>
    </g>
</svg>
```

把上述代码放在网页中，可以显示五角星图形，并且无论怎样缩放窗口，图形都不会失真。一般在实际应用中，会把上述 XML 格式的 SVG 定义代码以文本形式保存为扩展名是 .svg 的文件（如 "star.svg"），并在 <body> 标签中使用 <img> 或 <object> 标签插入该图形文件，HTML 代码如下。

```
<body>
<img src="star.svg" width="500" > <!-- 可以直接使用属性来改变图像的宽度 -->
</body>
```

或者

```
<body>
<object data="star.svg"> </object> <!-- 在 object 标签中使用 data 属性来引用文件来源 -->
<body>
```

网页运行结果如图 15-6 所示。

15.3.3 图像拼合技术

图像拼合就是 CSS Sprite 定位技术，也被称为图像精灵，用于满足除了直接在页面中插入图像，使用背景图像的需求，如图 15-7 所示。当一个电子商务网站中多个按钮需要不同状态下的背景效果时，往往会把多个背景图像放在一张图中，并利用 CSS 中的 background-position 属性来选择显示不同位置的图像，从而实现页面效果。

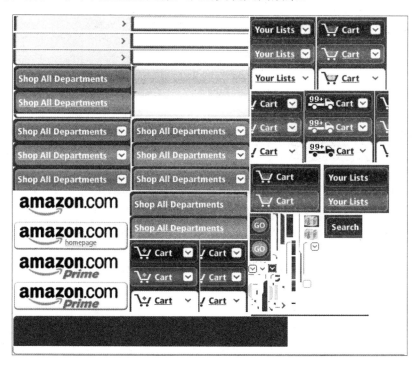

◎ 图 15-7 图像精灵

在网页元素中，显示右边上数第 3 个购物车图标的方法如下。

```
background-image:url(3-1.jpg);  /* 拼合背景图像文件 */
background-position: -590px -75px; /* 在 X 方向上左移 590px，在 Y 方向上上移 75px*/
```

这种把小图标放到一张图上的方法就是图像精灵，常用于 Web 前端开发，从而减少网页请求服务器的次数，提高访问速度。

15.3.4 字体图标

图像精灵虽然有很多优点，但依旧需要通过系统来加载图像，并且缩放后会失真，而字体图标可以解决该问题。从本质上说，字体图标是一种包含符号和字形的字体，它更轻、更快、更灵活。读者可以从官网免费下载和使用字体图标，具体做法详见官网，此处不再赘述。图 15-8 所示为字体图标的应用。

总之，如果需要一些结构和样式比较简单的小图标，则使用字体图标；如果需要一些结构和样式比较复杂的小图标，则使用图像精灵。

◎ 图 15-8　字体图标的应用

15.4　网页字体

网页中的字体分为系统字体和自定义字体。系统字体是系统自带的字体，如宋体、黑体、微软雅黑等，而自定义字体则是由网页设计者自行添加的一些字体。由于一般系统自带的字体无法满足设计需求，因此需要在网页中通过 @font-face 功能来定义字体。

15.4.1　衬线体与非衬线体

网页中的字体一般指的是西方国家字母体系，包括衬线体、非衬线体和手写体（Handwriting）。

衬线体也被称为有衬线字体，常见的衬线体包括 Times New Roman、宋体等。衬线体的特点是易读性比较高。宋体就是一种标准的衬线体，衬线的特征明显，是最适合的正文字体之一。

常用的非衬线字体包括 Arial、Tahoma、微软雅黑、黑体、幼圆等。

15.4.2　使用 @font-face 功能设置字体

使用 @font-face 功能可以设置网页中的字体，步骤如下。

（1）下载字体库文件，如 Exo-ExtraLightItalic.otf。

（2）在 CSS 样式中使用 @font-face 功能添加字体库。

（3）在 body 标签选择器中使用 font-family 属性。

例如，先使用以下 CSS 样式代码：

```
/*CSS 样式代码 */
@font-face{
    font-family: 'Exo-ExtraLightItalic';
    src:url('Exo-ExtraLightItalic.otf');
}
body {
```

```
/* 如果没有对应的字体，则使用默认的非衬线体 */
font-family: 'Exo-ExtraLightItalic',sans-serif;
background-color:#eee;
}
```

再使用以下 HTML 代码：

```
<!-- 网页内容 -->
<h2>Zhejiang Institute of Mechanical Electrical Engineering 浙江机电职业技术大学 </h2>
<h3>IOT2381 物联 2381</h3><p>This is a paragraph: font family is Exo-ExtraLightItalic</p>
<hr color="#FF0000">
```

上述代码的运行结果如图 15-9 所示。其中，英文及数字字体为 Exo-ExtraLightItalic，因为没有对应的中文字体，所以中文字体为默认字体——黑体。

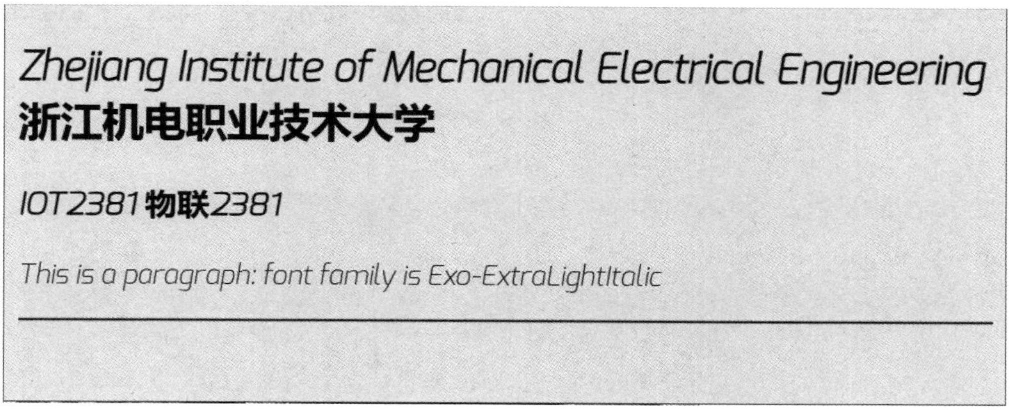

◎ 图 15-9　运行结果

15.5　每课小练

15.5.1　练一练：三段响应式布局练习

【练习目的】

- 掌握媒体查询的应用。
- 掌握断点的分析与设定。
- 掌握使用 CSS 样式进行不同断点布局设计。

【练习要求】

在站点中新建文件，要求在不同的屏幕分辨率下实现不同布局效果，即实现响应式布局，并且从小屏幕开始设计，具体如下。

（1）在屏幕分辨率小于或等于 600px（小屏幕）时，页面布局如图 15-10（a）所示。

（2）在屏幕分辨率小于 880px 并且大于 600px（中屏幕）时，页面布局如图 15-10（b）所示。

（3）在屏幕分辨率大于或等于 880px 并且小于 1024px（大屏幕）时，页面整体居中，页面布局如图 15-10（c）所示。

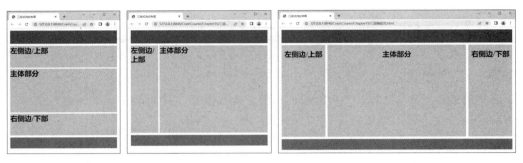

（a）小屏幕　　　　　　（b）中屏幕　　　　　　　　（c）大屏幕

◎ 图 15-10　三段响应式布局

提示：从小屏幕开始，三段响应式布局的断点如下。

```
#wrap{
    max-width:1024px; margin: auto;}
    ......
@media only screen and (min-width:600px){ /* 中屏幕 CSS 样式 */
    ......
}
@media only screen and (min-width:880px){ /* 大屏幕 CSS 样式 */
    ......
}
```

15.5.2　试一试：制作三段响应式 Oscar 网页

【练习目的】

- 进一步熟悉响应式网页的原理与特点。
- 掌握三段响应式页面布局的方法。
- 掌握媒体查询与断点的分析与设定。
- 掌握 CSS3 特效代码的基本应用。

【练习要求】

完成一个三段响应式、包含各种样式及动画效果的 Oscar 网页。在实现三段响应式 Oscar 网页的过程中，需要分为 3 个小任务，便于内容的实现。

【任务 1】完成三段响应式的布局及基本网页框架，效果如图 15-1 所示。

（1）使用语义化结构标签完成三段响应式 Oscar 网页的布局，同时注意网页元素 article、aside 的顺序。

（2）建议在进行布局时使用不同的背景颜色来区分各个布局块。

（3）使用两个断点实现三段响应式布局，并结合 max-width 属性限制最大有效页面的宽度。断点值参考如下。

- 小屏幕：在屏幕分辨率小于或等于 600px 时，导航菜单垂直排列，并可拓展为下拉或隐藏式的。

- 中屏幕：在屏幕分辨率小于 780px 并且大于 600px 时，导航菜单横向排列。

- 大屏幕：在屏幕分辨率大于或等于 780px 时，限制最大有效页面宽度为 1024px（max-width:1024px;），页面居中，主体内容采用左右布局。

【任务 2】在完成上述网页的基础上，使用 CSS3 代码设置渐变颜色背景、阴影、圆角等效果，完成如图 15-11 所示的网页。

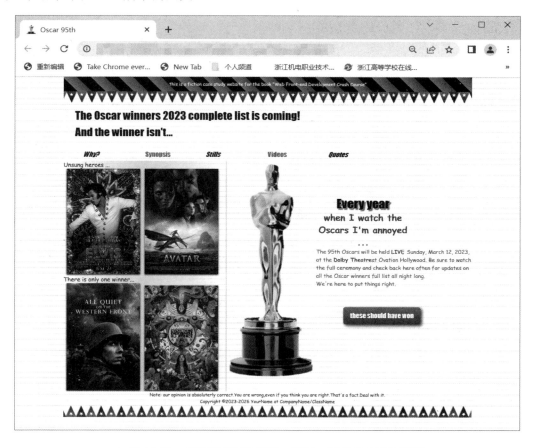

◎ 图 15-11　具有渐变颜色背景、阴影、圆角等效果的网页

完成如图 15-11 所示的网页的具体要求如下。

（1）网页页眉部分：使用 CSS3 中的渐变颜色代码实现斜条纹状背景，使用背景图像横向重复填充实现小旗样式。

（2）整体网页背景：横条纹多重渐变背景（作业格）。

（3）导航菜单：使用 CSS3 选择器中的 nth-child 或 nth-of-type 属性实现偶数个导航项的背景颜色为红色。

（4）侧边栏：使用 CSS3 中的渐变颜色代码实现背景的渐变，并添加图像阴影效果。

（5）内容区域标题部分：使用 CSS3 中的文本阴影代码。

（6）"these should have won"按钮：使用 CSS3 中的渐变颜色代码实现红色渐变背景，使用圆角边框代码实现圆角，使用盒阴影代码实现阴影部分。

（7）网页中字体说明：普通字体为 Impact，弧度字体为 Comic Sans MS。

【任务 3】完成变形、过渡、动画等 CSS3 样式效果。

1. 应用 CSS3 中的 transition 过渡属性

通过 CSS3 中的 transition 过渡属性并结合 transform 变形属性，可以实现一些简单的网页动画效果。

（1）当将鼠标指针移至正文大标题时，在 0.5s 内文字增大 1.5 倍，代码如下。

```
#content h1 {
    font-family: Impact;
    /*……其他相关代码 */
    transform-origin:center center; /* 变换中心点 */
    transition:all 1s linear;  /* 放在元素初始状态位置 */
}
#content h1:hover {   /* 鼠标指针悬停时的效果 */
    transform:scale(1.5);
}
```

需要注意的是，只有把 transition:all 1s linear; 语句放在网页元素初始状态的 CSS 样式代码中，才能保证顺滑过渡，其他过渡效果的用法与此相似。

（2）在导航菜单中，当将鼠标指针移至奇数导航项时，使倾斜的文字在 0.5s 内变正；当将鼠标指针移至偶数导航项时，使红色文本在 0.5s 内变为蓝色文本，并增大 1.25 倍。

（3）当将鼠标指针移至正文副标题时，使文字在 0.5s 内周边散发模糊光晕。

（4）当将鼠标指针悬停在导航项时，使红色渐变背景变为蓝色背景，并且扩大 1.25 倍。

2. 应用 CSS3 中的 animation 动画属性

通过应用 CSS3 中的 animation 动画属性可以实现一些相对复杂的动画效果。animation 动画属性的语法如下。

```
animation: name duration timing-function delay iteration-count direction fill-mode play-state;
```

animation 动画属性的参数含义如下。

```
animation: 名称 时长 时间函数 延时 次数 方向 填充模式 播放状态
```

（1）在网页加载完后，先隐藏导航菜单，5s 后逐渐显示，代码如下。

```
/* 自定义动画，名称为 displaying*/
@keyframes displaying{
    0%{opacity:0;}
    100%{opacity:1;}
}
```

```
/* 使用动画，播放 1 次，耗时 5s，速度函数为 ease */
nav ul {
    list-style-type: none;
    overflow: hidden;
    opacity:1;
    animation:displaying 5s 1 ease;
}
```

（2）在网页加载完后，使"And the winner is"这几个字不停地闪烁灰色光芒，一共闪烁 5 次，做法与上面的相似，代码如下。

```
@keyframes warning{  /* 定义动画 */
    0%{ text-shadow:0px 0px  0px #000000; }
    50%{ text-shadow:0px 0px  10px #000000; }
    100%{ text-shadow:0px 0px  0px #000000; }
}
/* 使用动画，重复播放 5 次，每次耗时 1s，速度函数为 ease-in，无延时 */
.logo {
    /*……其他相关代码 */
    animation:warning 1s 5 ease-in;
}
```

（3）在网页加载完后，使侧边栏的 4 张图像以 0.5s 的间隔依次左右抖动 3 次，每次抖动 0.3s。抖动 4 张图像的参考 CSS 样式代码如下。

```
/* 定义动画 */
@keyframes swing{
    0%{ transform:rotate(0deg); }
    25%{ transform:rotate(4deg); }
    50%{ transform:rotate(0deg); }
    75%{ transform:rotate(-4deg); }
    100%{ transform:rotate(0deg); }
}
/*4 张图像的动画，并且延时不同 */
#side section:nth-of-type(1) a:nth-of-type(1) img{
    animation:swing 0.5s 5 ease-in;
}
#side section:nth-of-type(1) a:nth-of-type(2) img{
    animation:swing 0.5s 5  ease-in 0.3s;
}
#side section:nth-of-type(2) a:nth-of-type(1) img{
    animation:swing 0.5s 5 0.6s ease-in;
}
#side section:nth-of-type(2) a:nth-of-type(2) img{
    animation:swing 0.5s 5 0.9s ease-in;
}
```

通过前面相关课程的学习，相信读者应该能很快理解以上页面代码内容，此处不列出全部代码。若有需要，请联系编著者或出版社，以获取完整代码。

15.6 理论习题

一、选择题

1. （ ）媒体查询语句是错误的。

    A．@media only screen and (min-width:40em){}

    B．@media screen and (max-width:880px){}

    C．@media all and (min-width:40em){}

    D．@media screen (min-width:640px){}

2. 下列关于响应式设计的说法，错误的是（ ）。

    A．无论使用什么设备访问网站，只有一个版本，并且使用相同的 URL

    B．有利于网站排名

    C．单张网页的工作量更少，代码不累赘，便于后期维护

    D．不同大小的视口，所显示的网页内容可以不同

3. （ ）属于矢量图形，在放大后不失真。

    A．SVG   B．PNG   C．JPG   D．GIF

4. 下列关于响应式设计的说法，错误的是（ ）。

    A．内容为先策略

    B．以客户体验为中心

    C．响应式网站必须使用 HTML5 的标准

    D．去除文件中不必要字符可以改进网站性能，这种方法被称为代码"缩小"

5. 下列关于响应式设计中图像问题的说法，正确的是（ ）。

    A．在 CSS 样式中，使用 background-position 属性可以设置背景图像的 X、Y 方向在"左中右""上中下"的位置，但无法设置精确到像素的位置

    B．与 24 位的 PNG 图像格式一样，GIF 图像格式最多能显示 256^3 种颜色

    C．当在一个 div 父元素（#article1）中插入图像时，如果将该元素的 CSS 样式设置为 #article1 img{width: 50%;}，则在网页中显示的图像大小就是原始尺寸的 1/2

    D．在背景图像中，background-size: cover; 表示图像的长宽高比不变化，并且不失真，但是超出容器的部分可能会被裁掉，而 background-size:100% 100%; 表示图像会被拉伸以填充整个区域，可能会导致失真

二、思考题

1. 如何在一个页面中应用渐变颜色背景？

2. 为什么网页前端开发一般使用图像精灵？

3. 一般在什么情况下使用 transform 变形属性？

4. transition 过渡属性与 animation 动画属性有什么区别？用法有什么不同？

5．如何利用 animation 动画属性实现不同的动画动作？

6．如何实现如图 15-12 所示的照片墙及其过渡、动画效果？

◎ 图 15-12　照片墙及其过渡、动画效果

7．拓展与思考：对实际响应式网站项目进行分析并实践。

（1）实现一个响应式网站需要注意以下几个方面。

• 断点个数及断点值。

• 从小屏幕开始设计，但要综合考虑大屏幕时的情况。

• 在采用 CSS+DIV 布局时，注意 id 或类的命名规则，并且要让人一看到名称就能理解其功能。

• 代码结构分明，并尽量简化代码。

• 测试并分析网站运行结果。

（2）将固定宽度页面布局的网站改为响应式布局的网站，并重新设计和构建该网站。

第 16 课　Flexbox 伸缩盒

【学习要点】

- 什么是 Flexbox 伸缩盒。
- Flexbox 伸缩盒的用法。

【学习预期成果】

　　了解什么是 Flexbox 伸缩盒（简称伸缩盒）；利用 Flexbox 伸缩盒技术实现网页元素的均匀分布，同时实现垂直居中；利用 Flexbox 伸缩盒进行三段响应式布局。

　　CSS3 新增了许多样式属性，其中 Flexbox 伸缩盒就是一个典型的属性，用于满足现代网络中更为复杂的网页样式需求。

16.1 什么是 Flexbox 伸缩盒

Flexbox 伸缩盒是 CSS3 中一个新的布局模式，主要作用如下。

- 方便垂直居中内容。
- 自动插入空白使盒内元素对齐。
- 改变元素的视觉次序。

在前面介绍的杭州 19 楼网页中，如果使用 Flexbox 伸缩盒技术，就能十分方便地布局 Downbar 块中的 4 个 div 块。

Flexbox 伸缩盒的结构分为伸缩容器与伸缩子项，如图 16-1 所示。

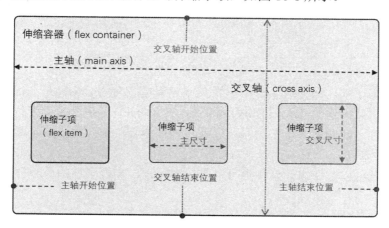

◎ 图 16-1 Flexbox 伸缩盒的结构

1. 主轴

在默认情况下，水平方向为主轴，开始位置是与左边框的交叉点，结束位置为与右边框的交叉点。

2. 交叉轴

与主轴垂直的是交叉轴。项目在主轴方向上按照默认设置进行水平排列，并且主轴上的空间具有弹性，可以根据需要进行伸缩。

通过 flex-direction:column; 语句将主轴改为垂直方向排列，能够让伸缩子项水平方向均匀分布变为垂直方向均匀分布。

16.2 常用的 Flexbox 伸缩盒属性

Flexbox 伸缩盒的关键属性为 flex，设置伸缩盒的方法及其特性如下。

（1）对伸缩容器（如 Container）设置以下属性。

- display: flex;：将伸缩容器设置为 Flexbox 伸缩盒。
- justify-content: space-around;：让伸缩子项四周空间均匀分布。
- align-items: center;：垂直居中，无须设置 padding、margin 等属性。

justify-content、align-items 可选属性如图 16-2 所示。此处只介绍主要功能，更详尽的功能请读者参见相关网站。

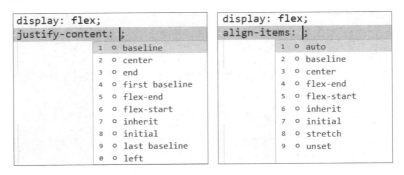

◎ 图 16-2 justify-content、align-items 可选属性

（2）对于伸缩子项，即伸缩项目，一旦其父元素被设置为 Flexbox 伸缩盒，该子项将脱离标准流，并根据父元素的 flex、justify-content、align-items 等属性来确定位置。

（3）伸缩子项之间的相对位置关系可以通过伸缩容器的 flex-direction 属性来调整，也可以通过 order 属性来设置顺序。

（4）伸缩子项可以是块级元素，也可以是行内元素，一般子项的个数要超过 2 个才有明显效果。

图 16-3 所示为使用了 Flexbox 伸缩盒技术的网页，其中灰色部分为 section 父元素，其伸缩子项横向均匀分布，垂直居中，并且由于红色 div 块的 order 属性值为 -1，因此排列到了"word"的前面。order 值越大，元素越在右边排列。注意：order 与 flex-direction 属性的区别，如果对 Flexbox 伸缩盒设置 flex-direction: row-reverse; 语句，则全部子元素将逆序显示。

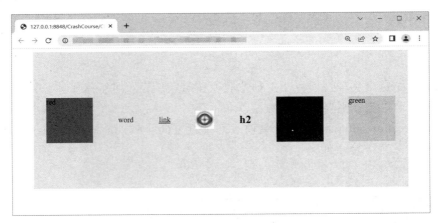

◎ 图 16-3 使用了 Flexbox 伸缩盒技术的网页

使用了 Flexbox 伸缩盒技术的网页的相关代码如下。

```
<html>
  <head>
    <meta charset="utf-8">
    <title>Flexbox Test</title>
    <style>
      /* 定义 section 父元素的 ID 选择器 */
      #s1{
        background-color:#EEE;
        max-width:800px;
        height: 300px;
        margin:auto;
        display: flex;  /* 伸缩容器关键属性 */
        align-items:center;
        justify-content:space-around;
        /*flex-direction: row-reverse;*/  // 水平方向逆向排列
      }
      /* 几个子元素的大小与背景，便于进行区分 */
      #div1{ background-color:red; height:100px; order: -1; width:100px; }
      #div2{ background-color:#0F0; height:100px; order: 2; width:100px; }
      article{ background-color:blue; height:100px; width:100px; order: 1; }
    </style>
  </head>
  <body>
    <section id="s1">  /* 伸缩容器，其中包含 7 个子项 */
      <p>word</p>
      <a href="#">link</a>
      <img src="icon/crb.gif" alt=""/>
      <div id="div1">red</div>
      <div id="div2">green</div>
      <h2>h2</h2>
      <article>BLUE</article>
    </section>
  </body>
</html>
```

16.3　每课小练

16.3.1　练一练：Flexbox 伸缩盒网页练习

【练习目的】

• 巩固 Flexbox 伸缩盒的知识。

- 掌握 display:flex; 语句的使用方法。
- 区分 justify-content 属性值 space-around 与 space-between 的异同。
- 掌握奇偶伪类 CSS3 样式的应用。

【练习要求】

参考使用了 Flexbox 伸缩盒的网页代码，利用所学知识，完成如图 16-4 所示的网页，提示如下。

（1）网页上半部分为可使用无序列表，列表项 <li> 标签均匀分布，伸缩容器为 <ul> 标签。

（2）网页下半部分为伸缩子项，可利用奇偶伪类（如 div:nth-child(odd){}、div:nth-child(even){}）来设置，虽然宽度固定，但当容器缩小时，不会自动换行而是变窄，因为 flex-wrap 属性的默认值为 nowrap，即不换行。

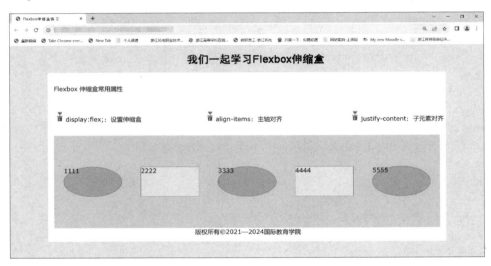

◎ 图 16-4　Flexbox 伸缩盒练习网页

16.3.2　试一试：将 Flexbox 伸缩盒用于响应式布局

【练习目的】

- 掌握 Flexbox 伸缩盒在布局中的应用。
- 了解 flex 属性的特点与基本应用。

【练习要求】

使用 Flexbox 伸缩盒，也能很方便地制作多段响应式布局页面。下面的代码通过媒体查询和不同的 flex 属性参数，实现了分列布局。在 Flexbox 伸缩盒中，flex 属性用于对伸缩盒元素进行空间分配。flex 属性包括 3 个参数值：flex-grow（扩展量）、flex-shrink（收缩量）和 flex-basis（基准量）属性的简写属性，语法如下。

```
flex: flex-grow flex-shrink flex-basis|auto|initial|inherit;
```

例如，设置伸缩属性为 flex:5 0px auto;。

图 16-5 所示为利用 Flexbox 伸缩盒制作的三段响应式布局网页。

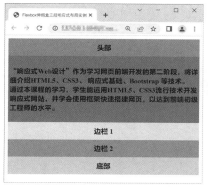

（a）小屏幕

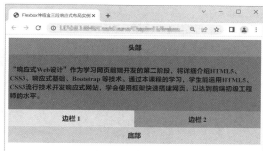

（b）中屏幕

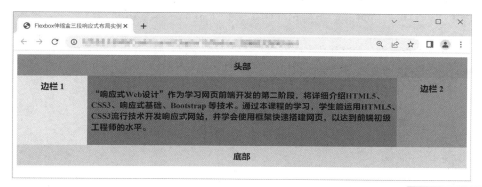

（c）大屏幕

◎ 图 16-5　利用 Flexbox 伸缩盒制作的三段响应式布局网页

利用 Flexbox 伸缩盒制作的三段响应式布局网页的完整代码如下。

扫一扫

Flexbox 三段式弹性布局

```
<!DOCTYPE html>
<html>
    <head>
    <meta charset="utf-8">
    <title>Fexbox 伸缩盒三段响应式布局实例 </title>
    <style>
    .flex-container {
        display: -webkit-flex; /* 浏览器类型前缀，可不编写 */
        display: flex;
        -webkit-flex-flow: row wrap; /* 浏览器类型前缀，可不编写 */
        flex-flow: row wrap;
        font-weight: bold;
        text-align: center;
    }
    .flex-container > * {
```

```
          padding: 10px;
          flex: 1 100%;
        }
        .mainbox {
          text-align: left;
          background: cornflowerblue;
        }
        header {background: coral;}
        footer {background: lightgreen;}
        .aside1 {background: moccasin;}
        .aside2 {background: violet;}
        /* 使用媒体查询，在中屏幕时的 CSS 样式代码 */
        @media all and (min-width: 600px) {
          .myaside { flex: 1 0px; } /* 收缩量为 0px，将两个 aside 块水平均匀分布 */
        }
        /* 使用媒体查询，在大屏幕时的 CSS 样式代码 */
        @media all and (min-width: 800px) {
          .mainbox { flex: 5 0px; }
          .aside1 { order: 1; }
          .mainbox { order: 2; }
          .aside2 { order: 3; }
          footer { order: 4; }
        }
    </style>
  </head>
  <body>
    <div class="flex-container"><!--flex-container 开始 -->
      <header> 头部 </header>
      <article class="mainbox"> <!-- 使用 article 标签 -->
        <p> "响应式 Web 设计"作为学习网页前端开发的第二阶段，将详细介绍 HTML5、CSS3、响应
式基础、Bootstrap 等技术。通过本课程的学习，学生能运用 HTML5、CSS3 流行技术开发响应式网站，并
学会使用框架快速搭建网页，以达到前端初级工程师的水平。</p>
      </article>
      <aside class="myaside aside1"> 边栏 1</aside> <!-- 使用 aside 标签 -->
      <aside class="myaside aside2"> 边栏 2</aside>
      <footer> 底部 </footer>  <!-- 使用 footer 标签 -->
    </div> <!--flex-container 结束 -->
  </body>
</html>
```

上述代码的具体说明如下。

在小屏幕中设置：

```
.flex-container > *{padding: 10px; flex: 1 100%; }
```

表示在小屏幕时，全部伸缩子项（包括 article 与 aside 块）的宽度为 100%，5 个子项垂直排列。其中，flex 属性中的数值 1 表示扩展量，各个伸缩子项等宽均匀分布。

在中屏幕中设置：

```
.myaside { flex: 1 0px; }
```

myaside 类选择器将作用于两个 aside 块，让这两个块的收缩量变为 0px，从而实现水平均匀分布，而 article 块依旧保持宽度 100% 不变。

在大屏幕中设置：

```
.mainbox { flex: 5 0px; }
.aside1 { order: 1; }  /* 设置子项的顺序为 1*/
```

表示把 article 块也横向排列，并且扩展宽度是其他块的 5 倍。其中，order 属性的作用是设置伸缩子项的顺序，按照从小到大的顺序，1 在先，4 在后。

需要注意的是，如果元素不是弹性盒模型对象的子元素，则 flex 属性不起作用。

16.3.3　常见问题 Q&A

（1）在 Flexbox 伸缩盒中，当全部伸缩子项的宽度之和超过伸缩容器的宽度时，子元素全部收缩了，但是还是不换行，这是为什么？

答：因为默认 Flexbox 伸缩盒中的内容是不换行的，解决办法是添加一条 flex-wrap:wrap; 语句，此时当伸缩容器的宽度不足时，即当伸缩容器的宽度小于全部伸缩子项的宽度之和时，伸缩子项自动换行。

（2）在实际应用中，采用 Flexbox 伸缩盒进行布局的情况多吗？

答：Flexbox 伸缩盒布局通常用于简单的页面，用途有限。在实际的响应式网站开发中，页面是比较复杂的，为了节省时间、费用等成本，往往会使用一些成熟的网站框架，如 Bootstrap 等。

16.4　理论习题

一、选择题

1. 以下关于 Flexbox 伸缩盒的伸缩容器和伸缩子项说法中，正确的是（　　）。

　　A. 伸缩容器是父元素，伸缩子项是子元素，伸缩子项可以是块级元素，也可以是行内元素

　　B. 只要设置父元素（伸缩容器）的属性为 justify-content: space-around;，就可以伸缩让子项沿主轴均匀分布

　　C. 如果想要修改伸缩子项的排列顺序，则可以在其父元素（伸缩容器）中添加 order 属性，从而实现重新排列

　　D. 在伸缩子项中设置 align-items: center; 就能够让其垂直居中，不需要将 Flexbox

伸缩盒父元素的属性设置为 display:flex;

  2．以下关于 Flexbox 伸缩盒说法，（ ）不是其中最重要的功能。

    A．方便让伸缩子项垂直居中

    B．自动缩放伸缩子项的大小

    C．自动插入空白，使 Flexbox 伸缩盒中的元素均匀分布或对齐

    D．方便地改变伸缩子项的视觉次序

二、思考题

  1．Flexbox 伸缩盒一般用于什么地方？

  2．什么是 Flexbox 伸缩盒的主轴？什么是 Flexbox 伸缩盒的交叉轴？

  3．请列举使用 Flexbox 伸缩盒的优点。

第 17 课　网站建设概述

【学习要点】

- 网站建设的过程与规范。
- 网站中的文件管理。
- 两段响应式布局及应用实例。
- jQuery 特效应用实例。

【学习预期成果】

了解什么是自建站；能够进行基本的网站建设项目的设计与开发；能够把网站主页（首页）做成响应式的，并且具有 JavaScript 特效或 jQuery 特效。

学习 Web 前端开发技术，了解并学习网站建设规范及基本方法，最终能够建设自己想要的网站。

17.1 网站建设过程与规范

在当前信息化时代，几乎所有的企事业单位都有自己的网站，用于展示企业形象，宣传企业的文化与服务，以及展示和推广产品。

要开发一个企业网站，通常需要经过如图 17-1 所示的过程，可以新建网站或对原来的网站进行改造、更新和提升（网站重构）。新建网站通常是根据公司或开发者自己的创意来构建的。但是，无论是新建网站还是网站重构，均需要经过需求评估、网站规划（写规划书）、设计与开发（遵循规则）、功能实现、测试、发布等阶段。在网站运行以后，还要不断进行更新与维护。

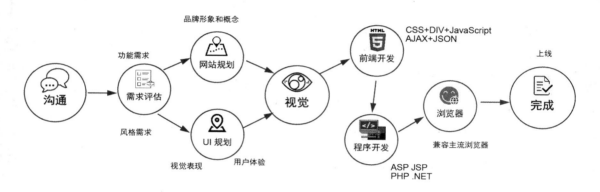

◎ 图 17-1 网站开发过程

17.2 什么是自建站

一般企业网站的功能是展现企业形象，以及展示企业产品与品牌。电子商务网站归属另外一大类。常见的电商平台有亚马逊、速卖通等，但是由于平台提成与限制较多，现在许多外贸企业开始投入自建站和独立站的运营。自建站或独立站一般是对对外贸易而言的，就是商家自己建立一个独立的网站来销售自己的商品，即独立的卖家，不受平台限制。自建站和独立站本质上没有任何区别，二者都是独立于亚马逊、eBay、速卖通等现有大平台的外贸网站，无论是推广，还是引流、运营都需要外贸员自己操作。

17.3 网站重构

作为初学者，可以运用所学知识，通过企业调研、项目需求分析的方式对现有企业网站进行重构，从而实现响应式网站开发。独立完成或通过小组合作的方式，综合运用 CSS 样式、CSS+DIV 布局、JavaScript 代码实现用户登录前的判断、JavaScript 特效等，完成一个中小型企业网站 Web 前端开发项目。初学者可以通过网站重构巩固所学知识，进一步提高自己的 Web 前端开发能力。

17.4　网站建设项目需求

网站开发项目分为静态网站与动态网站，一般静态网站用于规模较小、功能需求相对简单且更新频率较低的情况，而动态网站注重时效性，因此需要结合数据库使用，如体育赛事网站、房产销售企业网站、新闻资讯网站。作为初学者，可以把这些网站做成静态网站，如果将来学习了数据库知识及动态开发技术，再将其改为动态网站。

以房产销售企业网站为例，项目需求如下。

1．界面及前端要求

（1）网页整体风格要统一，采用两段响应式布局，包含导航菜单和 jQuery 特效。

（2）静态页面要包含公司简介或网站功能简介。

（3）列表展示页面、详情页面、个人信息编辑页面均采用动态数据来展示。

（4）后台管理员在登录后，进入后台管理页面时，所看到的页面的风格要与前端页面的保持一致，但不要求采用响应式设计。

2．后台功能要求

（1）通过后台入口进入后台管理页面。

（2）管理员具有增加、删除、修改、查看功能。

（3）区分普通用户登录和未登录状态，并在登录状态下提供更丰富的内容。

（4）单击退出登录按钮可以返回主页面。

17.5　网站文件管理

无论是新建网站，还是网站重构，文件管理十分重要。特别是对初学者来说，良好和规范的管理文件，能够让网站建设工作更加简单有序、事半功倍。

第 1 课介绍了网页分为结构、表现、行为三要素，因此通过 HTML、CSS、JS 三种文件，可以完成网站的代码编写与文件管理，即在网站中创建三个文件夹，用于存放不同类型的文件，如图 17-2 所示。网站首页的名称通常为 index，而其他网页文件按功能命名，原则是让人一看就能知道其含义。

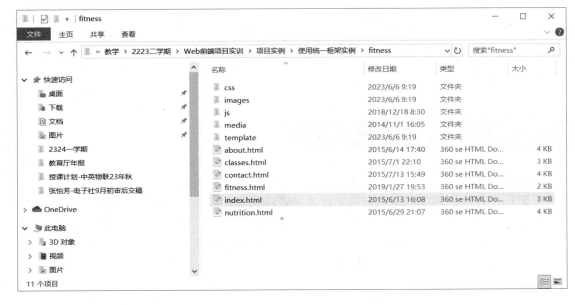

◎ 图 17-2　网站中的文件夹

17.6　每课小练

17.6.1　学以致用：网站建设实践

【练习目的】

掌握一般制作网站首页的方法；了解典型企业门户网站建设的基本流程与站点规划方法；初步掌握制作一个小型网站的全过程，包括网站需求分析、页面规划设计、功能实现。

【练习要求】

分析某个创意网站，建立响应式网页基本框架，在框架的基础上添加自己的内容。假设完成了创意网站的需求分析与网站规划，下面制作网站首页，要求采用响应式设计，参考做法如下。

首先，完成响应式网页基本框架（见图 17-3），同时使用 JavaScript 或 jQuery 特效。

（1）在小屏幕时，导航菜单垂直排列，article 块与 aside 块采用上下布局。

（2）在大屏幕时，导航菜单水平排列，article 块与 aside 块采用左右布局。

（3）单击某个导航项，页面可以滚动到对应 section 块的位置。

（4）单击向上箭头按钮，使页面滚动到顶部。

（5）在小屏幕时，单击右上角小方块按钮，导航菜单可以展开或收起。

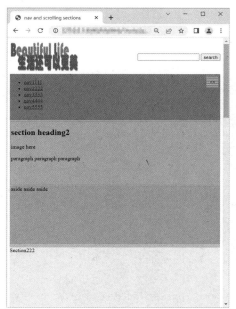

（a）展开和收起的导航菜单（小屏幕）

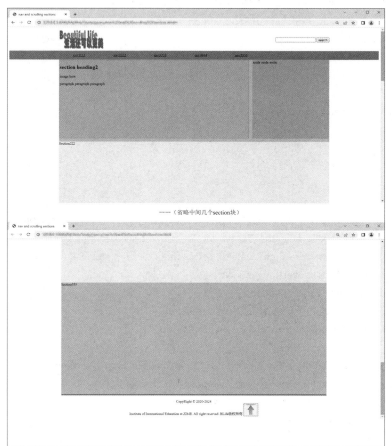

（b）大屏幕布局效果

◎　图 17-3　具有 jQuery 特效的创意网站

参考代码如下。

```html
<!DOCTYPE html>
<html>
  <head>
    <meta charset="utf-8">
    <title> 具有 jQuery 特效的响应式网页布局框架 </title>
    <meta name="viewport" content="width=device-width,initial-scale=1,maximum-scale=1,user-scalable=no">
    <style>
      /* 通用及小屏幕时的 CSS 样式代码 */
      body{background-color:;}
          .top-nav{ min-height: 30px; padding-bottom: 15px; overflow: hidden; background-color: #6ca545;
position: relative;}
      .top-search{max-width: 1200px; height: 100px; margin: auto; overflow: hidden;
          display: flex; justify-content: space-between; align-items: center;}
      // 导航菜单部分居中
      nav{max-width: 1200px; /*height: 40px;*/ margin: auto; overflow: hidden;}
      #menu-toggle{position: absolute; top:5px; right:5px; display: inline;}
      // 在小屏幕时，使用线性渐变背景制作导航菜单的切换按钮
      .menu-toggle{width: 35px;height: 35px;border: none;
          background:repeating-linear-gradient(#aaa 3px, #aaa 5px,#9ff065 5px, #6ca545 10px) ; }
      .menu-toggle2{width: 35px;height: 35px;border: none;
          background:repeating-linear-gradient(#aaa 3px, #aaa 5px,#9ff065 5px, #6ca545 10px) ;
          transform: rotate(90deg);
          transition: 1s all ease;
      }
      .mainbox{
          max-width: 1200px;
          margin: auto;
      }
      .s1 article{margin: 2px; background-color:#ffab6e; width: 100%; height: 50%; border: #999 1px solid;}
      .s1 aside{width: 100%; height: 45%;  border: #999 1px dashed; margin:2px;background-color: #f798e1;  }
      footer{height: 100px; text-align: center; clear: both; border-top: #6ca545 7px solid;}
      section{height: 520px; overflow: hidden;}
      .s1{height:380px; overflow: hidden;}
      section:nth-of-type(odd){background-color: #96d4fd;}
      section:nth-of-type(even){background-color: #f7f1a6;}
      section h1{text-align: center;}
      main{background-color: #FF0; max-width: 1200px;margin: auto; overflow: hidden;}
      section+section{padding:5px 0px;border-top:dashed 5px #000; }
      #up-button{ background-color: white; border:none;}
      #up-button img{width: 30px;}
      @media only screen and (min-width:780px){ /* 大屏幕时的 CSS 样式代码 */
          #menu-toggle{position: absolute; top:5px; right:5px; display: none;}
```

```
            .top-nav{ padding-bottom:0px; }
            nav ul{padding: 0; margin: 0; list-style-type: none; text-align: center; height: 40px; display: flex; align-
items: center;}
            nav li{ width: 15%; float: left;}
            nav li a{display: block; padding: 10px 0;}
            nav li a:link,nav li a:visited{color: #000000;}
            nav li a:hover{background-color: #004b00; color: white;}
            .s1 article{margin: 2px; background-color: #ffab6e; width: 70%; float: left; height: 95%; border: #999
1px solid;}
            .s1 aside{width: 28%; height: 95%; float: right;border: #999 1px dashed; margin:2px; }
        }
    </style>
    <script src="js/jquery-3.6.0.js"></script>
</head>
<body>
    <header>
        <div class="top-search"><!--top-search 开始 -->
            <img src="images/logo.png" width="200" height="100">
            <form><input type="search"> <button>search</button></form>
        </div> <!--top-search 结束 -->
        <div class="top-nav"> <!--top-nav 开始 -->
            <button id="menu-toggle" class="menu-toggle">
            <span style="font-size: 10px;">=:=</span></button>
            <nav><ul>
                <li><a href="#">nav1111</a></li>
                <li><a href="#">nav2222</a></li>
                <li><a href="#">nav3333</a></li>
                <li><a href="#">nav4444</a></li>
                <li><a href="#">nav5555</a></li>
            </ul></nav>
        </div><!--top-nav 结束 -->
    </header>
    <div class="mainbox"><!--mainbox 开始 -->
        <main>
            <a name="s1"></a><section class="s1" id="s1">
                <article>
                    <h2>section heading2</h2>
                    <p>image here</p>
                    <p> paragraph paragraph paragraph</p>
                </article>
                <aside>aside aside aside</aside>
            </section>
            <a name="s2" id="s2"></a><section >Section222</section>
            <a name="s3" id="s3"></a><section >Section333</section>
```

```
            <a name="s4" id="s4"></a><section >Section444</section>
            <a name="s5" id="s5"></a><section >Section555</section>
        </main>
        <footer>
            <br>CopyRight &copy; 2020-2024 <br>
                Institute of International Education at ZIME. All right reserved. BLife 版权所有 <button id="bt-to-
top"><img src="images/arrtoTop.jpg"></button>
        </footer>
    </div> <!--mainbox 结束 -->
    <!--jQuery 特效开始 -->
    <script>
    $(function(){
        // 收起和展开导航菜单
        $("#menu-toggle").click(function(){
            $(".top-nav nav").slideToggle("slow");
            $("#menu-toggle").toggleClass("menu-toggle2");
        });
        //click a nav list to scroll at the related section
        // 单击导航项，页面会精准滚动到对应的 section 块
        $(".top-nav nav li:nth-child(1)").click(function(){
            $("html").animate({scrollTop:$("#s1").offset().top}, 500);
        });
        $(".top-nav nav li:nth-child(2)").click(function(){
            $("html").animate({scrollTop:$("#s2").offset().top},1000);
        });
        $(".top-nav nav li:nth-child(3)").click(function(){
            $("html").animate({scrollTop:$("#s3").offset().top},1200);
        });
        $(".top-nav nav li:nth-child(4)").click(function(){
            $("html").animate({scrollTop:$("#s4").offset().top}, 1500);
        });
        $(".top-nav nav li:nth-child(5)").click(function(){
            $("html").animate({scrollTop:$("#s5").offset().top}, 1800);
        });
        // 单击向上箭头按钮，页面会滚动到顶部
        $("#bt-to-top").click(function(){
            $("html").animate({scrollTop:"0px"}, 1500);
        });
    });
    </script>
    </body>
</html>
```

然后，利用前面的响应式网页基本框架，以个人网站为例，实现该创意网站。在准备好

图像和文本等素材后，即可采用前面的响应式网页基本框架完成全部网页内容，包括 jQuery 特效，结果如图 17-4 所示，供读者参考。

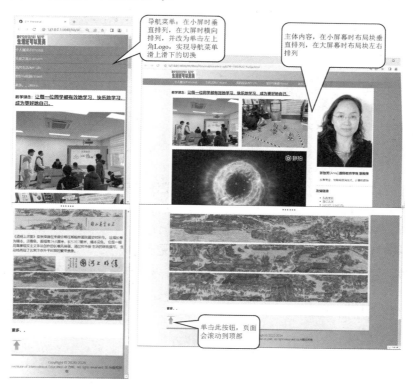

（a）小屏幕布局效果　　　　　　　　（b）大屏幕布局效果

◎ 图 17-4　响应式个人网站实例

【拓展知识】

知识 1：制作响应式网站的一般要求。

（1）外观布局要包含 Logo、版权信息。

（2）响应式设计至少分小屏幕、大屏幕两种媒体视口。

（3）使用 max-width 属性并且让网页整体居中。

知识 2：判断是否为动态网站。

如果想实现动态网站，如需要经常更新新闻、留言板、图像信息的网站，则需要通过访问数据库来读取信息，并展示在网页中，通常使用 Java Web 等技术（本书不涵盖此内容）。

17.6.2　常见问题 Q&A

（1）在学习了前面的课程内容后，就能开发动态网站了吗？

答：不能。因为要开发动态网站需要学习数据库基础知识，编写程序相关代码，并将数据库中的信息展示到网页中。

（2）只学习了 Web 前端开发，没有学习数据库及动态网站开发技术，是不是不能开发网站？

答：不是。许多网站只需静态数据，只有很少一部分需要交换数据，使用 JSON 技术就可以实现，不需要动态网站开发技术也能很好地展示网页内容。也就是说，如果只有少量的数据交换要求，不需要数据库管理系统，只使用 Web 前端技术就能满足一般网站的开发需求。

17.7　理论习题

一、选择题

1.（　　）不属于网站建设的过程。

    A．写网站规划书　　　　　　　　B．设计与功能实现

    C．测试与发布　　　　　　　　　D．更新与维护

2.（　　）不属于规范合理的网站项目管理方法？

    A．需要良好有序的文件管理，让结构、表现分离

    B．网站首页的名称通常为 index，而其他网页文件按功能命名，原则是让人一看就能理解其含义

    C．不同类型的文件，使用对应的文件夹进行归类，如图像文件放在 images 文件夹中

    D．必须把全部 JavaScript 代码放在外部 JS 文件中

二、思考题

1. 在建设综合企业网站时，哪个环节最重要？

2. 上网搜索企业网站，针对某个网站，回答下列问题。

• 网站的核心功能、面向人群是什么。

• 设计特性（优点）是什么。

• 有哪些需要改进的地方（缺点）。

• 尝试编写网站重构的项目规划书。

3. 上网搜索一个企业 / 学校网站，利用所学知识，重构该网站，要求如下。

• 遵循 "3O" 原则。

• 规范使用 HTML5 语义化结构标签，如使用 <section> 标签进行页面分节等。

• 使用至少两段响应式布局。

• 使用 CSS3 中的分栏、阴影、渐变颜色背景、过渡及动画效果等。

• 按照实际需要应用 Flexbox 伸缩盒。

• 添加 JavaScript 特效、jQuery 特效等。

第 18 课　HTML5 的 API

【学习要点】

- 常见的网页 API。
- <canvas> 标签。
- <audio> 标签。
- 使用 JavaScript 制作 API 的基本方法。

【学习预期成果】

　　能够通过 JavaScript 代码，结合 HTML 标签，利用 <canvas> 标签绘制简单图形；能够制作网页版音乐播放器；能够在网页中接入百度 API。

　　随着移动设备的普及，Web 应用的使用范围也更加广泛，除了基本的网页，还能通过 HTML5 的 API 等直接访问设备的硬件资源（如地理定位器、摄像头等）、开发 H5 小程序。

扫一扫

HTML5 的 API

18.1　什么是 API

API（Application Programming Interface，应用程序接口）指一些可以直接被开发者调用的已封装的函数，开发者无须查看原码或了解内部机制原理就可以应用。智能手机的普及，使得人们能够方便地通过手机访问网站。基于 HTML，结合 CSS、JavaScript 开发的 H5 手机应用程序，即人们常说的 H5 网页，使用的是这种 API 技术。

HTML5 中的 API 通常与 JavaScript 及对应的应用标签结合使用。常见的 API 如下。

（1）HTML5 的 Web 储存 API。

HTML5 的 Web 储存 API 提供了两种浏览器储存方式：一种是 LocalStorage（本地储存），实现客户端数据的永久存放，在浏览器关闭后仍然保持数据的变化；另一种是 SessionStorage（会话储存），在浏览器关闭后会清除数据。

（2）HTML5 画布 API。

利用 <canvas> 标签，结合 JavaScript 代码，可以在网页上实现绘图、H5 小游戏或网页动画效果。

（3）HTML5 地理定位 API。

利用 Window（窗口）的 navigator 对象进行浏览器的地理定位可以实现 H5 手机计步器、H5 手机定位器等小应用，也可以结合地图 API（如腾讯地图、百度地图等）实现用户实时定位。

（4）加速计 Accelerometer。

管理设备加速度传感器可以用于获取设备加速度信息，包括 X（水平方向）、Y（水平方向）、Z（平面方向）三个方向，可以用于检测手机是否掉落。

其他 API 有文件 API，外接的地图 API 等。

下面分别以 Canvas 绘图、音乐播放器、百度地图 API 为例，介绍 API 及简单 H5 小应用的开发过程。

18.2　Canvas 绘图

18.2.1　什么是网页 Canvas 画布

<canvas> 是 HTML5 的新标签，实际上其是网页图形中的容器，在这个容器中，可以通过 JavaScript 脚本进行绘图。需要注意的是，利用 <canvas> 标签并结合 JavaScript 绘制的图形是依赖于分辨率的位图，并且不支持缩放。

在使用 Canvas 进行绘图时，先通过 Canvas 的 API 接口，确切地说是先通过 CanvasRenderingContext2D 接口的 canvas 对象，并调用 getContext() 方法来获取上下文，再通过该上下文实现绘制操作。Canvas 可以绘制简单的图形，如直线、曲线、填充图形、文本

等，也可以定义路径、创建渐变、进行变换操作、加载图像等。网页版的贪吃蛇、五子棋、愤怒的小鸟（Angry Birds）等游戏，都是通过 <canvas> 标签来实现的。

18.2.2　Canvas 绘图实例

与一般的绘图工具一样，<canvas> 标签提供了多种绘制路径、矩形、圆形、字符，以及添加图像的方法，其应用过程一般为下面代码中的几个步骤。

```
<body>
    <!-- 步骤①：使用 canvas 标签 -->
    <canvas id= "mycanvas" width= "" width= "" >
        Do not support HTML5
    </canvas>
    <script>
        /* 步骤②：通过 id 名获取 canvas 对象 */
        var c=document.getElementById("mycanvas");

        /* 步骤③：使用 getContext() 方法获取接口对象 */
        var ctx=c.getContext("2d");

        /* 步骤④：绘图 */
        /* 使用各种绘图命令进行绘图并填充颜色（如使用 ctx.fillRect( ); 填充正方形的颜色）等 */
        ctx.fillStyle="#00FF00";
        ctx.fillRect(25,25, 200,200);
        ……
    </script>
</body>
```

上述代码中步骤的说明如下。

步骤①：使用 <canvas> 标签。

在网页的 body 中，使用 <canvas> 标签指定画布的宽度高度，或者设置画布的 CSS 样式。需要注意的是，这里需要指定画布的 id 名。

步骤②：通过 id 名获取 canvas 对象。

在 JavaScript 代码中，利用 getElementById() 方法获取网页中对应 id 名的 Canvas 画布元素。

步骤③：使用 getContext() 方法获取接口对象。

在使用 getContext() 方法获取接口对象时，不能省略 var ctx=c.getContext("id"); 语句。这里的 ctx 是一个自己命名的接口对象，用于将后面所有的绘图元素绘制到 Canvas 画布中。

步骤④：绘图。

使用 JavaScript 绘图命令进行绘图（如画线、画圆形等），并填充颜色等。

例如，完成如图 18-1 所示的基本图形需要先分析该图形的坐标（见图 18-1（a）），再利用 JavaScript 代码绘制图形，结果如图 18-1（b）所示。

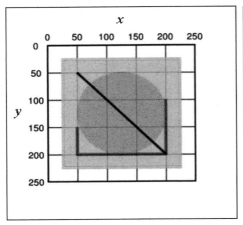

（a）

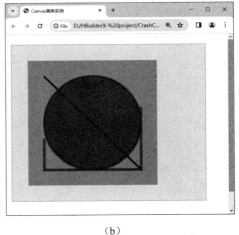

（b）

◎ 图 18-1　基本图形

绘制如图 18-1 所示的基本图形的完整参考代码如下。

```
<!doctype html>
<html>
<head>
    <meta charset="utf-8">
    <title>Canvas 简单实例 </title>
</head>
<body>
    <p>
        <canvas id="myCanvas" width="300" height="250" style="border:#CCC 1px solid; background-
color:#EEE;" >
        Do not support Canvas
        </canvas>
    </p>
<p> </p>
<script>
    var cc=document.getElementById("myCanvas");
    var ctx=cc.getContext("2d");

    /* 填充正方形的颜色 */
    ctx.fillStyle="#00FF00";
    ctx.fillRect(25,25, 200,200);

    /* 画一条斜线 */
    ctx.strokeStyle="#0000FF";
    ctx.lineWidth=2;
    ctx.moveTo(50,50);
    ctx.lineTo(200,200);
```

```
        ctx.stroke();

        /* 画多段线 */
        ctx.lineWidth = 3;     // 选择画笔的粗细
        ctx.strokeStyle ="RED"; // 画笔颜色
        ctx.beginPath();
        ctx.moveTo(50,150);
        ctx.lineTo(50,200);
        ctx.lineTo(200,200);
        ctx.lineTo(200,100);
        ctx.stroke();

        /* 画圆形 */
        ctx.fillStyle="rgba(0,0,255,0.3)";
        ctx.strokeStyle="#333";
        ctx.beginPath();
        ctx.arc(125,125,75,0,360);
        ctx.stroke(); // 画外圈
        ctx.fill();    // 填充圆形的颜色
    </script>
</body>
</html>
```

18.3　音乐播放器

18.3.1　<audio> 标签

在网页中，有多种插入多媒体的方法，如使用 <embed> 标签插入插件，通过 <object> 标签插入对象元素等，但是由于不同浏览器的支持有很大不同，处理起来比较麻烦。现在通常使用 <audio>、<video> 等 HTML5 标签来插入多媒体。其中，<audio> 标签用于插入音符文件；<video> 标签用于插入视频文件。以下是插入音频文件的 HTML 代码。

```
<audio controls  src="media/ 专属天使 .mp3" ></audio>   <!-- 不自动播放 -->
```

由上述代码可知，使用 <audio> 标签插入音频文件非常简单，只需在 <audio> 标签中添加 src 属性链接媒体文件，添加 controls 属性显示控件。

主流浏览器支持的音频格式有 MP3、WAV、OGG。为了让音频有更好的兼容性，可以使用 <source> 标签为媒体元素定义媒体资源，以保证网页中的音乐能正常播放。

```
<audio controls="controls" autoplay >
    <!-- 按顺序找到第一个能正确播放的音频 -->
    <source src="media/ 兰色天际 .mp3" type="audio/mp3" />
```

```
<source src="media/ 兰色天际 .wav" type="audio/wav" />
<source  src="media/ 兰色天际 .ogg" type="audio/ogg" />
</audio>
```

<audio> 标签除了包括 autoplay（自动播放）、controls（控件）、URL（文件）属性，还包括 loop（循环）、muted（静音）等属性。另外，使用 <video> 标签插入视频的方法与 <audio> 标签的相似，这里不展开叙述，读者可自行探索学习。

18.3.2　音乐播放器代码实现

图 18-2 展示的是一个使用 JavaScript 制作的 H5 音乐播放器，当发布该音乐播放器代码后，用户就可以播放其中的音乐了，并且可以控制音量。

扫一扫

音乐播放器（上）

扫一扫

音乐播放器（下）

◎　图 18-2　H5 音乐播放器

制作 H5 音乐播放器的步骤如下。

（1）设计界面，在 <body> 标签中添加布局容器、各个文本修饰条及相关图像，并设置它们的 CSS 样式。

网页元素参考代码如下。

```
<div id="wrapper"><!--wrapper 开始 -->
 <h3>H5 音乐播放器 </h3>
 <hr noshade="noshade" />
 <!-- 插入音乐文件 -->
 <audio id="audio" src="music/Serenade.mp3" preload>
    对不起，您的浏览器不支持 HTML5 音频播放。
 </audio>
```

```
<!-- 模仿 CD 效果的圆形图像 -->
<div id="CDimage">
    <img src="image/night.png" id="page" />
</div>


<p> <!-- 音量调节进度条 -->
      Volume: min <input id="volume" type="range" min="0" max="1" step="0.1"  onchange="setVolume()"
/>max </p>
<div> <!-- 显示音乐名称 -->
    <b><i> 当前正在播放：<span id="title"> 小夜曲 </span></i></b>
</div>
<div> <!-- 音乐播放器按钮容器开始 -->
    <button onclick="lastMusic()"><img src="image/previous.png" width="50" height="50"/></button>
     <button id="toggleBtn" onclick="toggleMusic()"><img src="image/play.png" width="50" height="50"/></
button>
    <button onclick="nextMusic()"><img src="image/next.png" width="50" height="50"/></button>
</div><!-- 音乐播放器按钮容器结束 -->
</div> <!--wrapper 结束 -->
```

部分 CSS 样式参考代码如下。

```
#wrapper{ // 音乐播放器容器
    max-width:768px; min-width:480px; margin:auto;
    text-align:center; padding:1em;
    background-color:#EEF2FF;
    box-shadow:5px 5px 10px #999999;}
hr{ border: #B9BDDB solid 2px; }
#CDimage img{ // 模仿 CD 效果，要求图像长、宽值相同
    border-radius:50%;}
```

（2）为相关的网页元素添加 id 名，如下列标签代码均与控制音乐播放有关，需要有 id 属性，以便 JavaScript 代码获取这些网页元素并进行处理。

- <audio id="audio" src="music/Serenade.mp3" preload>。
- <span id="title"> 小夜曲 </span>。
- <div id="CDimage">…… </div>。

（3）在网页的 <script> 标签中添加 JavaScript 代码。首先通过 id 名获取各个与音乐相关的网页对象。

```
<script>
// 获取音频对象
var music = document.getElementById("audio");

// 获取音量调节进度条
var volume = document.getElementById("volume");
```

```
// 获取播放音乐 / 暂停音乐按钮
var toggleBtn = document.getElementById("toggleBtn");

// 获取当前播放的音乐标题
var title = document.getElementById("title");
…… // 其他 JavaScript 代码
</script>
```

（4）选择自己喜欢的 MP3 音乐，并将这些音乐添加到音乐列表中。注意：音乐文件名称及路径，数组长度与所初始化的音乐文件个数有关（此处只给出 3 个示例）。

```
// 音乐路径列表
var list = new Array("music/Serenade.mp3", "music/EndlessHorizon.mp3", "music/ 月光下的云海 .mp3");
// 音乐标题列表
var titleList = new Array(" 小夜曲 ", " 无尽的地平线 ", " 月光下的云海 ");
// 播放音乐 / 暂停音乐的切换方法
function toggleMusic() {
  if (music.paused) {
    music.play(); // 播放音乐
    // 显示暂停音乐按钮
    toggleBtn.innerHTML = '<img src="image/pause.png" width="50" height="50"/>';
  }
  else {
    music.pause(); // 暂停音乐
    // 显示播放音乐按钮
    toggleBtn.innerHTML = '<img src="image/play.png" width="50" height="50"/>';
  }
}
```

（5）定义各个函数，实现音乐的选择和播放。在上述代码中，toggleMusic() 函数的作用是实现播放音乐 / 暂停音乐的功能；下列代码中 nextMusic() 函数的作用是切换到下一首音乐，与切换到上一首音乐的做法相似。

```
var i=0; // 初始化音乐序号
// 切换到下一首音乐
function nextMusic() {
  if (i == list.length - 1) // 如果音乐播放到最后一首，则播放第一首
    i = 0;
  else
    i++;
  music.pause();
  music.src = list[i]; // 当前播放音乐的路径
  title.innerHTML = titleList[i]; // 显示对应的音乐标题
  music.play();
}
```

（6）实现音量的调整，并测试编写的 H5 音乐播放器程序。

```
// 设置音量大小
function setVolume() {
    music.volume = volume.value;
}
```

在完成了基本播放功能的基础上，还可以模仿 CD 的动态效果，以增加趣味性。为了方便读者学习，以下是完整的 HTML 网页元素代码及 JavaScript 代码。

```
<!DOCTYPE html>
<html>
  <head>
    <meta charset="utf-8">
    <title>H5 音乐播放器 </title>
    <link rel="stylesheet" href="css/music.css">
    <style>
      #wrapper{ max-width:768px; min-width:480px; margin:auto;
          text-align:center; padding:1em;
          background-color:#EEF2FF;
          box-shadow:5px 5px 10px #999999;}
      hr{ border: #B9BDDB solid 2px; }

      #CDimage img{
          border-top-width: 8px;
          border-right-width: 8px;
          border-bottom-width: 8px;
          border-left-width: 8px;
          border-top-style: solid;
          border-right-style: solid;
          border-bottom-style: solid;
          border-left-style: solid;
          border-top-color: rgba(255,255,255,0.7);
          border-right-color: rgba(102,102,102,0.3);
          border-bottom-color: rgba(102,102,102,0.3);
          border-left-color: rgba(102,102,102,0.3);
          // 图像的动画，匀速转动，用于模仿 CD 的动态效果
        animation:scrolling infinite 25s linear;
        animation-play-state: paused;      // 动画初始状态为暂停
      }
      @keyframes scrolling{           // 动画的定义
        0% {transform:rotate(0deg);}
        100% {transform:rotate(360deg);}
    </style>
  </head>
  <body>
```

```
<div id="wrapper"><!--wrapper 开始 -->
    <p align="right"> 您是第 <span id="times"></span> 位访问者 </p>
    <script>
        var count=localStorage.getItem("count"); // 本地 Web 存储
        if(count==null){
            count=0;
        }
        localStorage.setItem("count", parseInt(count)+1);
        document.getElementById("times").innerHTML=count;
    </script>
    <h3>H5 音乐播放器 </h3>
    <hr noshade="noshade" />
    <!-- 插入音乐文件 -->
    <audio id="audio" src="music/Serenade.mp3" preload>
        对不起，您的浏览器不支持 HTML5 音频播放。
    </audio>
    <!-- 模仿 CD 效果的圆形图像 -->
    <div id="CDimage">
        <img src="image/night.png" id="page" />
    </div>

    <!-- 音量调节进度条 -->
    <div>
        <p>
            Volume: min <input id="volume" type="range" min="0" max="1" step="0.1"  onchange="setVolume()"
/>max </p>
    </div>

    <!-- 显示音乐名称 -->
    <div>
        <b><i> 当前正在播放 : <span id="title"> 小夜曲 </span></i></b>
    </div>

    <!-- 音乐播放器按钮容器开始 -->
    <div>
        <button onclick="lastMusic()"><img src="image/previous.png" width="50" height="50"/>
        </button>
        <button id="toggleBtn" onclick="toggleMusic()"><img src="image/play.png" width="50" height="50"/>
        </button>
        <button onclick="nextMusic()"><img src="image/next.png" width="50" height="50"/>
        </button>
    </div><!-- 音乐播放器按钮容器结束 -->
</div> <!--wrapper 结束 -->
```

```
<script>
    // 获取音频对象
    var music = document.getElementById("audio");

    // 获取音量调节进度条
    var volume = document.getElementById("volume");

    // 获取播放音乐 / 暂停音乐按钮
    var toggleBtn = document.getElementById("toggleBtn");

    // 获取当前播放的音乐标题
    var title = document.getElementById("title");

    // 获取封面
    var page = document.getElementById("page");

    // 音乐路径列表
    var list = new Array("music/Serenade.mp3", "music/EndlessHorizon.mp3", "music/ 月光下的云海 .mp3");

    // 音乐标题列表
    var titleList = new Array(" 小夜曲 ", " 无尽的地平线 ", " 月光下的云海 ");
    // 音乐封面
var pageList = new Array("image/night.png","image/autumn.png","image/sky.png");
    var i = 0;  //i 为索引，定义当前是第几首音乐

    // 播放音乐 / 暂停音乐的切换方法
    function toggleMusic() {
        if (music.paused) {
            music.play();
            // 播放音乐
            page.style.animationPlayState="running";
            toggleBtn.innerHTML = '<img src="image/pause.png" width="50" height="50"/>';
        } else {
            music.pause();
            page.style.animationPlayState="paused";

            // 暂停音乐
            toggleBtn.innerHTML = '<img src="image/play.png" width="50" height="50"/>';
        }
    }

    // 设置音量大小
    function setVolume() {
        music.volume = volume.value;
```

```
    }

    // 切换到下一首音乐
    function nextMusic() {
        if (i == list.length - 1)
            i = 0;
        else
            i++;
        music.pause();
        music.src = list[i];
        title.innerHTML = titleList[i];
        page.src = pageList[i];
        music.play();
    }

    // 切换到上一首音乐
    function lastMusic() {
        if (i == 0)
            i = list.length - 1;
        else
            i--;
        music.pause();
        music.src = list[i];
        title.innerHTML = titleList[i];
        page.src = pageList[i];
        music.play();
    }
    </script>
    </body>
</html>
```

需要注意的是，如果要使用自己的音乐，则必须保证音乐类型是可支持的，并且确定路径正确。

18.4 百度地图 API 简介

在 Web 前端中，经常需要用到地图 API 或天气预报等插件。这些 API 通过 JavaScript 将对应功能嵌入到网页中，如开发者通过 JavaScript 代码调用地图 API，实现网页中的地图功能。信息服务公司会提供各自的地图 API，如百度地图 API 和高德地图 API 等。下面以百度地图 API 为例，说明其基本使用方法。

地图 API 实际上是一套由 JavaScript 语言编写的应用程序接口，可以帮助开发者在网站中构建功能丰富、交互性强的地图应用，支持 PC 端和移动端基于浏览器的地图应用开发。

使用百度地图 API 的参考做法如下。

（1）申请使用 API 的密钥（如个人申请百度地图 API）并引用该密钥。

```
<script type="text/javascript" src="//( 此处为个人密钥 )"></script>
```

（2）设置必要的地图页面 CSS 样式。

（3）添加对应的网页元素代码。

（4）添加地图 API 引用等相关的 Javascript 代码。

使用百度地图 API 的完整代码参考如下。

```
<!DOCTYPE html>
<html>
  <head>
    <meta http-equiv="Content-Type" content="text/html; charset=utf-8" />
    <meta name="viewport" content="initial-scale=1.0, user-scalable=no" />
    <style type="text/css">
      body, html {
        width: 100%;
        height: 100%;
        margin: 0;
        font-family: " 微软雅黑 ";
      }
      #allmap {
        height: 600px;
        width: 100%;
        padding-top: 0px;
      }
      #address span{
        color: blue;
      }
      #col_box{
        width: 100%;
      }
    </style>
    <script type="text/javascript" src="//api.map.baidu.com/api?v=2.0&ak=uYb5BTO4QWrSSv4j89kTaOpHOB2EeDko"></script>
    <title> 定位城市 </title>
  </head>
  <body class="gray-bg">
    <div class="">
      <div class="row" style="padding:10px;"><!--row 开始 -->
        <div class="col-sm-12" id="col_box"><!--col-sm-12 开始 -->
          <div class="ads"> 地址 : <input id="txtaddress" type="text" style=" margin-right:10px;" /> <input type="button" value=" 查询 " onclick="theLocation()" /></div>
          <div class="lbs">
```

```
经度 :<input type="text" id="jd" style="margin-right:10px;" />
        纬度 :<input type="text" id="wd" style=" margin-right:10px;"/><input type="button" value=" 确认 "
onclick="Determine()" /></div>
        </div> <!--col-sm-12 结束 -->
    </div> <!--row 结束 -->
    <div class="row" style="padding:10px;"><div class="col-sm-12" id="allmap"></div></div>
</div>
<div id="info">
    <div id="address">
        <p> 省份： <span id="province"></span></p>
        <p> 城市： <span id="city"></span></p>
        <p> 详细地址 :<span id="detail"></span></p>
    </div>
</div>
    <script type="text/javascript">
    // 百度地图 API 功能
        var geolocation = new BMap.Geolocation();
        var detail;
        geolocation.getCurrentPosition(function (r) {
            if (this.getStatus() == BMAP_STATUS_SUCCESS) {
                console.log(r.point.lng + "__" + r.point.lat);
                getAddress(r.point.lng, r.point.lat);
            }
            else {
                alert('failed' + this.getStatus());
            }
        }, { enableHighAccuracy: true })

        function getAddress(lng, lat) {
            var myGeo = new BMap.Geocoder();
            // 根据坐标得到地址描述
            myGeo.getLocation(new BMap.Point(lng, lat), function (result) {
                if (result) {
                    var province = result.addressComponents.province;
                    var city = result.addressComponents.city;
                    detail = result.address;
                    console.log(province)
                    console.log(city)
                document.getElementById("province").innerText = province;
                    document.getElementById("city").innerText = city;
                    document.getElementById("detail").innerText = detail;
                    theLocation();
                }
            });
```

```
        }
        // 百度地图 API 功能
        var map = new BMap.Map("allmap");
        //var point = new BMap.Point(116.331398, 39.897445);/* 北京 */
        var point = new BMap.Point(120.179620, 30.255636); /* 杭州 */
        map.centerAndZoom(point, 11);
        // 单击地图上的位置点可以返回坐标值
        /* 获取与显示定位点 */
        var geoc = new BMap.Geocoder();
        map.addEventListener("click", function (e) {
            var pt = e.point;
            var input = document.getElementById('wd');
            var input2 = document.getElementById('jd');
            var address = document.getElementById("txtaddress");
            // 返回坐标
            input.value = pt.lng;
            input2.value = pt.lat;
            // 单击坐标可以返回地址
            geoc.getLocation(pt, function (rs) {
            var addComp = rs.addressComponents;
            var addresstext = "";
            if (addComp.province == addComp.city) {
                addresstext = (addComp.province + addComp.district + addComp.street + addComp.streetNumber);
            }
            else {
                addresstext = (addComp.province + addComp.city + addComp.district +addComp.street + addComp.
streetNumber);
            }
            address.value = addresstext;
            });
        });

        map.addControl(new BMap.NavigationControl());

        var local = new BMap.LocalSearch(map, {
            renderOptions: { map: map }
        });

        function theLocation() {
            var address = document.getElementById("txtaddress").value;
            if (address != "") {
                local.search(address);
            } else{
                local.search(detail);
```

```
        alert(detail);
      }
    }
    // 确定选择的地址信息
    function Determine() {
      var wd = document.getElementById('wd');
      var jd = document.getElementById('jd');
      var address = document.getElementById("txtaddress");
      if (!wd.value || !jd.value || !address.value) {
        alert(' 请确定地址信息 '); return false;
      }
      //alert(address.value + "*" + wd.value + "*" + jd.value);
  window.opener.document.getElementById("txtAddress").value=address.value;
    window.opener.document.getElementById("Hidlatitude").value = wd.value;
    window.opener.document.getElementById("Hidlongitude").value = jd.value;
    window.opener = null;
    window.open('', '_self');
    window.close();
    }/*end*/
  </script>
 </body>
</html>
```

运行上述代码后，输入地址并单击查询按钮，即可查询地址。

18.5 理论习题

一、选择题

1. （   ）不属于网页中的 API。

    A．Web 储存 API   B．\<video\> 标签

    C．地理定位 API   D．Canvas 画布 API

2. （   ）不属于 Canvas 画布 API 中的步骤。

    A．设置画布的背景颜色，如 \<canvas style=" background-color:#EEE;" \>

    B．使用 \<canvas\> 标签，如 \<canvas id= "mycanvas" width= "400" width= "300" \>

    C．获取 canvas 对象，如 c=document.getElementById("mycanvas");

    D．获取接口对象，如 var ctx=c.getContext("2d");

二、思考题

1. 网页 API 有哪些特点？在什么情况下需要使用网页 API？

2. 请列举其他网页中常见的 API 应用。

3. 请列举说明 H5 页面的应用，并说明其与微信小程序的异同。

附录

附录 A：HTML5 标签大全

常见的 HTML5 标签及其含义如表 A-1 所示。

表 A-1 常见的 HTML5 标签及其含义

标签	含义	功能	是否需要结束标签（未标注表示需要）
一、HTML 文件结构标签			
\<html\>	根文件	让浏览器知道这是 HTML 文件	
\<head\>	开头	提供文件整体信息	
\<title\>	标题	定义文件标题，在浏览器顶端显示	
\<base\>	基准	可将相对 URL 转换为绝对 URL 并指定链接	不需要
\<link\>	外部资源链接	用于定义链接关系，必须包含 rel 属性	不需要
\<meta\>	其他 META 数据	不能被 title、base、link、style 和 script 元素描述的 META 数据	不需要
\<style\>	嵌入文件风格信息	用于在网页中嵌入 CSS 样式代码	
\<script\>	嵌入代码文件信息	用于在网页中嵌入 JavaScript 代码，或者外部 JS 文件	
\<body\>	文件主体开始	表示文件内容容器	
二、语义化结构标签			
\<section\>	通用文件或应用部件	用于定义文件或应用中的一个通用区块、包装组件或带自然标题的文件（如果是纯样式，则用 \<div\> 标签）	
\<nav\>	导航菜单	用于包装外部链接或文件内部链接，有时页脚中也会包含 \<nav\> 标签	
\<main\>	网页主内容	表示 document 中 body 的主要内容。一个 HTML 文件中只能有一个 \<main\> 标签，并且不能在 \<article\>、\<aside\>、\<footer\>、\<header\>、\<nav\> 等标签中包含 \<main\> 标签	
\<article\>	页面模块	用于定义独立的内容块，通常表示文章、摘要或留言等形式的记录	
\<aside\>	孤立模块	用于包装侧边栏，突出引用、广告和导航元素	
\<header\>	页面标题	也被称为页头标题，用于定义文件或应用中的一个"标头"，或者某个内容块的引导区，在一个网页中可以多次使用	
\<footer\>	页脚标题	用于定义文件页脚或版权信息，在一个网页中可以多次使用	
\<address\>	地址或联系信息	用于定义联系信息，文本会倾斜	

续表

标签	含义	功能	是否需要结束标签（未标注表示需要）
三、分组内容标签			
\<h1\>	标题	用于定义 HTML 文件中的主标题，此外还有 \<h2\>、\<h3\>、\<h4\>、\<h5\>、\<h6\> 标签	
\<hgroup\>	群组标题	HTML 5 中的新标签，用于对 \<h1\>~\<h6\> 标签进行分组	
\<p\>	段落	标注一个文本段落	
\<div\>	分区	标注一个布局区域	
\<hr\>	水平分割线	定义一条水平线	不需要
\<br\>	换行	换一行，属于行内元素	不需要
\<pre\>	预格式化分本	被包围在此标签中的文本通常会保留空格和换行符	
\<blockquote\>	块引用	表示块缩进	
\<ol\>	编号列表	创建一个有序列表，与 \<li\> 标签结合使用	
\<ul\>	项目列表	创建一个无序列表，与 \<li\> 标签结合使用	
\<li\>	列表项	创建一个列表项，与 \<ul\>、\<ol\> 等标签结合使用，作为它们的子元素	
\<dl\>	定义列表	定义描述列表与 \<dt\> 和 \<dd\> 标签结合使用	
\<dt\>	定义名称	定义项目 / 名称	
\<dd\>	定义说明	描述每个项目 / 名称	
\<figure\>	流内容区块	用于包含注解、图示、照片、代码，通常与 \<figcaption\> 标签结合使用	
\<figcaption\>	\<figure\> 内容属性	用于为图像提供小标题	
四、文本级标签			
\<span\>	行内元素组合	对内部文本进行引用	
\<a\>	超链接	可设置超链接文本或图像	
\<em\>	强调	以斜体形式呈现强调的文字	
\<strong\>	加重	使字体加粗显示	
\<small\>	缩小字体	使文本变小，通常用于旁注	
\<cite\>	文章作品标题	用于定义作品的标题，即文字以斜体形式呈现	
\<q\>	引用	\<q\> 引用文本 \</q\> 结果为 "引用文本"，即添加双引号	
\<dfn\>	术语定义	倾斜文本，文本格式化样式	
\<abbr\>	缩略语	标记缩写词语	
\<code\>	程序代码	表示代码文本	
\<var\>	变量	表示变量名，可与 \<pre\> 和 \<code\> 标签结合使用	
\<samp\>	范例	定义样本文本	
\<kbd\>	键盘字	定义键盘文本	
\<sub\>	下标字	定义下标文本	
\<sup\>	上标字	定义上标文本	
\<i\>	斜体	倾斜文本	
\<b\>	粗体	使文本变粗	
\<mark\>	标记或高亮	具有记号的文本，文本高亮，类似于使用了记号笔的效果	
\<ruby\>	注音或注符	与 \<rt\> 标签和 \<rp\> 标签结合使用，常用于标注东亚文字中字符的发音	

续表

标签	含义	功能	是否需要结束标签（未标注表示需要）
\<rt\>	\<ruby\> 标签的子元素	定义表格行，与 \<ruby\> 标签结合使用	
\<rp\>	\<ruby\> 标签的子元素	一般用于为 \<rt\> 标签添加注释，如 \<ruby\> 汉 \<rp\>(\</rp\>\<rt\>Han \</rt\>\<rp\>)\</rp\> 字 \<rp\>(\</rp\>\<rt\>zi\</rt\>\<rp\>)\</rp\>\</ruby\>	
\<bdo\>	双向覆盖（Bi-Directional Override）	用于覆盖默认的文本方向，其属性 dir 有两个选项：ltr（从左到右）和 rtl（从右到左）	
五、嵌入内容标签			
\<img\>	图像	插入内容图像，需要与 src 属性结合使用	不需要
\<iframe\>	框架	内联框架，用于在当前 HTML 文件中嵌入另一个文件	
\<embed\>	嵌入	嵌入外部应用或互动程序。例如：\<embed src=" 外部应用等 "\>	
\<object\>	对象	定义一个嵌入的对象，通过 data 属性定义来源	
\<video\>	视频	插入视频	
\<audio\>	音频	插入音频	
\<source\>	来源	指定媒体资源的来源，与 \<video\> 或 \<audio\> 标签结合使用	
\<canvas\>	制图	在网页上绘制图形，在绘图时与 JavaScript 代码结合使用	
\<map\>	地图	用于在图像中添加热区超链接	
\<area\>	区域	与 \<map\> 标签结合使用，其 type 属性有 3 个选项：rect、circle 和 poly	
六、表格标签			
\<table\>	表格	设定表格的各项参数	
\<caption\>	表格标题	设定表格的标题，默认在表格上方且居中	
\<tr\>	表格行	设定表格的行	
\<td\>	表格栏	设定表格的单元格	
\<colgroup\>	列组合	对表格中的列进行组合，以便对它们进行格式化	
\<col\>	列属性	在 \<colgroup\> 标签内部为每列设置列属性	
\<tbody\>	表格 body 区	与 \<table\> 标签结合使用，为表格功能进行分区	
\<thead\>	表格 head 区	与 \<table\> 标签结合使用，为表格功能进行分区	
\<tfoot\>	表格 foot 区	与 \<table\> 标签结合使用，为表格功能进行分区	
\<th\>	表格标头	类似于 \<td\> 标签，但其中的文字字体会变为粗体且居中	
七、表单标签			
\<form\>	表单	决定表单的运作模式	
\<fieldset\>	分组	为表单中的相关元素进行分组，一般与 \<legend\> 标签结合使用	
\<legend\>	定义标题	为 \<fieldset\> 标签定义标题	
\<input\>	输入	在表单中创建输入控件。它是最常用的表单元素标签，与 type 属性结合使用	不需要

标签	含义	功能	是否需要结束标签（未标注表示需要）
<label>	标注	用于为 <input> 标签定义标注（标记）	
<button>	按钮	创建普通按钮	
<select>	选择	创建下拉菜单 / 列表，一般与 <option> 标签结合使用	
<datalist>	选项列表	<input> 标签的选项列表，提供"自动完成"的特性	
<optgroup>	选项组合	用于把相关的选项组合在一起	
<option>	选项	定义下拉菜单 / 列表的选项，一般与 <select> 标签结合使用	
<textarea>	文本区域	创建多行文本框	
<output>	结果输出	显示计算结果（如执行脚本的输出）	
<progress>	进度条	定义运行中的任务进度（进程）	
<meter>	度量	定义度量衡，仅用于度量已知的最大值和最小值	
八、其他			
<details>	可见或隐藏细节	创建一个展开或收起的详细信息部分，与 <summary> 标签结合使用。只有 Chrome 和 Safari 浏览器支持 <details> 标签	
<summary>	细节标题	为 details 元素定义一个可见的标题，单击该标题时会显示详细信息	
<noscript>	不支持脚本	定义脚本未被执行时的替代内容（文本）	

附录 B：常用的 HTML 标签属性及事件

在网页中，属性的设置分为两种场景。一种为 HTML 标签中的属性（Attribute），如 <h2 align="center"> 中的"align"；另一种为 CSS 样式选择器中的属性（Property），如 <h2 style="text-align: center;"> 中的"text-align"。读者注意区分这两种场景。

常用的 HTML 标签属性及事件如表 B-1 所示。

表 B-1　常用的 HTML 标签属性及事件

属性 / 事件名	含义	取值	实例
align	对齐方式	center、left 或 right	<p align="center">
background	背景	图像或颜色	<body background="img/bg.gif">
bgcolor	背景颜色	十六进制颜色值	<body bgcolor="#EEEEEE">
color	颜色	以 # 开头的十六进制 RGB 颜色值	<hr color="#FF0000">
cols	列数	整数数值	<textarea cols="30">
colspan	列合并	整数数值	<td colspan="3">
class	引用类	CSS 类名	<div class="fullpage">
controls	控件	不写或使用 "controls"	<audio controls="controls">
data	数据来源	路径或文件	<object data="svg/icon.svg">
dir	文本方向	auto、ltr 或 rtl	<bdo dir="rtl"> 文本方向为从右到左 !</bdo>
hidden	隐藏	不写或使用 "hidden"	<p hidden> 这是一段隐藏的段落。</p>
height	高度	数值或百分比	<td height="30">
href	链接	锚记、路径或文件来源	<a href=" index.html">
Language	代码语言	javascript、vbscript 或 php	<script language=" php">
muted	静音	不写或使用 "muted"	<audio muted="muted">
noshade	无阴影	不写或使用 "noshade"	<hr noshade="noshade">
onclick	单击事件	程序或函数	<button onclick ="fun()">
onchange	改变值事件	程序或函数	<input type=" text" onchange ="fun()">
onload	加载事件	程序或函数	<body onload ="fun()">
onmouseover	鼠标事件	程序或函数	<li onmouseover ="fun()">
onkeydown	键盘事件	程序或函数	<td onkeydown ="fun()">
onsubmit	表单事件	程序或函数	<form onsubmit ="fun()">
rel	链接关系	alternate、stylesheet、start、next、prev 或其他值	<link href="mystyle/test.css" rel="stylesheet" />
rows	行数	整数数值	<textarea rows="5">
rowspan	合并行	整数数值	<td rowspan="3">
size	尺寸	整数数值	<hr size=" 5">
start	起始值	数值	<ol start="3">
style	样式	"属性对"	style="border:#F00 dashed 3px; font-size:24px; width:200px;"
title	标题	字符串	<img title= "logo" src= "img/logo.gif">

属性 / 事件名	含义	取值	实例
type	列表类型	1、A、I、a 或 i	<ol type="A">
usemap	图像映射	元素 id	<img usemap="#mapname">
valign	垂直对齐	top、middle 或 bottom	<td valign="top">
width	宽度	数值或百分比	<table width="80%">

注：除了表 B-1 中列出的事件，实际上还有很多事件，如 ondblclick、onkeypress、onkeyup 等。

附录 C：常用的 CSS 样式属性

常用的 CSS 属性如表 C-1 所示。

表 C-1　常用的 CSS 属性

属性名	含义	功能	示例
align-items	对齐方式	定义伸缩子项在交叉轴（纵轴）方向上的对齐方式	#box{ 　height: 300px; 　display: flex; 　align-items:center;}
animation	动画	通过调用动画名，为元素添加动画效果，可分开设置时间、速度、重复次数等参数，如用 animation-timing-function 设置时间	animation: warning 1s 5 ease-in;
background	背景	可设置渐变颜色背景，如 background:linear-gradient();	background:url(images/body_bg.jpg); background-repeat: repeat-x;
background-color	背景颜色	设置单一颜色背景，颜色值可以用十六进制数字，也可以用 rgb() 值	\<body style="background-color: #CCCCCC" >
background-image	背景图像	url() 为背景图像来源	background-image:url(images/body_bg.jpg);
background-position	背景位置	背景位置，通常与 background-image 属性结合使用	background-position:50px 100px;
background-repeat	背景重复方式	背景图像的重复方式，有 4 个选项，默认为 repeat（在 X、Y 方向上均重复）	background-repeat: repeat-x;
border	边框线	四周边框线，有线型、颜色、粗细 3 个属性。这 3 个属性可以分别进行设置	border: 2px dashed #F00;
border-left	左边框线	单独的左边框线，其他 3 个边框线分别为 border-top、border-bottom、border-right	border-left: 52px solid #444;
border-radius	圆角半径	块元素的圆角半径	border-radius: 8px;
bottom	底部偏移	指定定位子元素与容器底部之间的距离，通常与 position 位置属性结合使用	position: absolute; bottom:0px; right: 0px;
box-shadow	盒子阴影	盒子阴影，包括偏移量、模糊半径、颜色（默认为黑色）	box-shadow: 0px 3px 5px #333;
box-sizing	盒子计算方法	用于指定在计算元素的总宽度和总高度时是否需要计算内边距（padding）和边框线（border）值，默认为 content-box。border-box 表示设置的内边距和边框线值包含在元素的宽度内	li { width:100%; padding-left:5%; box-sizing:border-box; }
clear	清除	清除 float 属性的影响	clear: both;

Web 前端开发必知必会

续表

属性名	含义	功能	示例

clip	剪切	剪裁并显示元素。如果先有 overflow:visible，则 clip 属性会失效	img {
			 position:absolute;
			clip:rect(0px,60px,100px,0px);
			}

color	字体颜色	设置字体的颜色	color: #FF0000;
column-count	分栏	将元素内容均匀分栏	column-count:3;
column-gap	分栏间距	指定分栏之间的距离	column-gap:40px;

content	内容	与 :before 及 :after 伪元素选择器结合使用，用于插入内容	li::after{
			content:"opps";
			}

cursor	鼠标指针	用于设置鼠标指针的形状	cursor:wait;
direction	方向	指定文本方向或书写方向，默认为 ltr（left-to-right）	direction:rtl;
display	显示	元素的显示方式，默认为 inline	display:block;

filter	滤镜	定义元素，通常是 <img> 标签的可视效果（如模糊与饱和度）	img {
			 filter: grayscale(50%);
			}

flex	伸缩	设置或检索伸缩子项分配空间的方式，是 flex-grow、flex-shrink 和 flex-basis 属性的简写	flex:1;
flex-basis	伸缩基准	设置或检索 Flexbox 伸缩盒基准值	flex-basis: 80px;

flex-direction	Flexbox 伸缩盒方向	规定伸缩子项的方向	div {
			 display:flex;
			 flex-direction:row-reverse;
			}

flex-wrap	伸缩元素换行	设置伸缩容器中项目的换行方式，可以控制伸缩容器是单行还是多行	display:flex; flex-wrap: wrap;
float	浮动	指定一个盒子（元素）是否应该浮动，默认值为 none，绝对定位的元素会忽略 float 属性	float:left;
font	字体	设置所有字体属性（按顺序）："font-style font-variant font-weight font-size/line-height font-family"。必须设置 font-size 和 font-family 属性的值	font:italic bold 30px Georgia, serif;
font-family	字体系列	定义字体系列，可以设置多个字体，如果浏览器找不到第一个字体，则选取下一个字体	font-family:" 华文彩云 ";
font-size	字体大小	指定字体大小，单位可以是 px、em 或 rem	font-size: 2em;
font-weight	字体粗细	设置字体粗细，默认为 normal，其他选项包括 bold、bolder、Lighter、数值（如 400，类似于 normal）	font-weight:100;
height	高度	设置元素的高度	height:200px;

属性名	含义	功能	示例

justify-content	对齐方式	设置弹性盒子元素在主轴（横轴）方向上的对齐方式	div
			{
			  display: flex;
			  justify-content: space-around;
			}

left	左边偏移	设置定位元素左外边距边界与其包含块左边界之间的偏移量。如果 position 位置属性的值为 static，则设置 left 属性会无效	position: absolute; top:10px; left: 10px;
letter-spacing	字符间距	设置字符间距，包括中文字符	letter-spacing: 2em;
line-height	行高	设置文本的行高	line-height:2em;
list-style	列表类型	设置所有的列表属性	list-style:square url("sqpurple.gif");
margin	外边距	设置外边距，参数可以是 1 个、2 个、4 个，分别对应四边、上下与左右、上右下左，也可以通过 margin-left、margin-right、margin-top、margin-bottom 来设置单个值	margin: 0px 20px;
max-width	最大宽度	设置元素的最大宽度	max-width:1200px;
min-width	最小宽度	设置元素的最小宽度	min-width:480px;
opacity	透明度	指定不透明度，值为 0~1。其中，0 表示完全透明，1 表示完全不透明	opacity:0.5;
order	顺序	设置 Flexbox 伸缩盒子元素的顺序，值越大越在后面	order:-1;
overflow	溢出	指定当内容溢出一个元素框时的处理方式，默认为 visible	overflow: hidden;
padding	填充（内边距）	设置填充（内边距），参数可以是 1 个、2 个、4 个，分别对应四边、上下与左右、上右下左，也可以通过 padding-left、padding-right、padding-top、padding-bottom 来设置单个值	padding: 20px;/* 上下左右均为 20px */

position	位置	指定元素（静态、相对、绝对或固定）的定位方法，默认为 static	#father{
			position: relative;
			}

resize	调整大小	指定元素是否由用户来调整大小，默认为 none，其他选项有 both、horizontal、vertical	resize:both;
right	右边偏移	定位子元素距离容器右边的偏移量，通常与 position 位置属性结合使用	position: absolute; bottom:0px; right: 1px;

row-gap	网格行间隔	指定网格行之间的间隔	div {
			  display: grid;
			  row-gap: 50px;
			}

text-align	文本对齐方式	设置文本的水平对齐方式，默认为 left	text-align:center;

属性名	含义	功能	示例
text-decoration	文本修饰	文本的修饰，下画线、上划线、删除线，是以下 3 个属性的简写。 text-decoration-line。 text-decoration-color。 text-decoration-style	/* 红色波浪形下画线 */ text-decoration: underline wavy red;
text-indent	文本缩进	规定文本块中首行文本是否缩进	text-indent:50px;

text-overflow	文本溢出	设置文本溢出其父元素时的显示效果，可选择剪切文本或显示省略号等方式，需要与以下两个属性结合使用。
		white-space: nowrap;。
		overflow: hidden;
			.test/* 显示省略号 */
			{
			white-space:nowrap;
			width:12em;
			overflow:hidden;
			border:1px solid #000000;
			text-overflow:ellipsis;
			}

text-shadow	文本阴影	设置文本的阴影效果，包括偏移量、模糊半径、颜色（默认为黑色）。可以叠加多个阴影效果，不同阴影之间用逗号 "," 分隔	text-shadow: 0px 3px 5px #333;
text-transform	文本转换	改变文本的大小写形式，默认为 none，其他选项有 capitalize、uppercase、lowercase	/* 全部大写 */ text-transform:uppercase;
top	顶部偏移	定位子元素距离容器底部的偏移量，通常与 position 位置属性结合使用	position: absolute; top:10px; left: 10px;
transform	变形	用于元素的 2D 或 3D 转换，可以旋转、缩放、移动、倾斜等，如 transform:rotate(7deg);	transform: translate(50px,-50px);
transform-origin	变换原点	更改变换元素的位置，必须先使用 transform 变形属性	transform-origin:20% 40%;
transition	过渡	过渡效果，可以同时以简写方式设置以下 4 个属性。 transition-property（内容）。 transition-duration（时长）。 transition-timing-function（速度函数）。 transition-delay（延时，默认 0 秒）	transition: all 1s ease-in;
vertical-align	垂直对齐	定义行内元素的基线相对于该元素所在行基线垂直对齐	/* 图像在文本中线上 */ img.middle {vertical-align:middle;}
visibility	可见性	指定一个元素是否可见，当设置为 hidden 时，被隐藏的元素也会占据页面上的空间（display;none; 表示不占据页面空间）	visibility:hidden;
white-space	空白	指定如何处理元素中的空白，默认为 normal	white-space:nowrap;
width	宽度	指定元素的宽度	width: 200px;
word-spacing	单词间距	设置单词之间的间距，对中文字符无效	word-spacing: 20px;

属性名	含义	功能	示例
word-wrap	自动换行	设置文本内容自动换行，默认为 normal（只在允许的断字处换行，浏览器默认）	/* 在长单词或 URL 地址内部换行 */ word-wrap:break-word;
z-index	层叠高度	设置元素的层叠高度，通常与 position 位置属性结合使用，值越大越在上面（可见）	position: absolute; z-index:10;

附录 D：CSS1～CSS3 选择器大全

全部的 CSS1～CSS3选择器如表D-1所示。

表 D-1　全部的 CSS1～CSS3 选择器

选择器	示例	示例说明	CSS	备注
.class	.intro	选择所有 class="intro" 的元素	1	类选择器
#id	#firstname	选择所有 id="firstname" 的元素	1	ID 选择器
*	*	选择所有元素	2	通用选择器
element	p	选择所有 p 元素	1	标签选择器
element,element	div,p	选择所有 div 元素和 p 元素	1	
element element	div p	选择所有 div 元素中的 p 元素	1	后代选择器
element>element	div>p	选择所有父级是 div 元素的 p 元素	2	直接子元素
element+element	div+p	选择所有紧接着 div 元素之后的 p 元素	2	毗邻兄弟选择器
[attribute]	[target]	选择所有具有 target 属性的元素	2	
[attribute=value]	[target=-blank]	选择所有使用 target="-blank" 的元素	2	
[attribute~=value]	[title~=flower]	选择所有标题属性中包含单词"flower"的元素	2	
[attribute^=value]	[lang^=en]	选择所有 lang 属性的起始值为 em 的元素	2	
:link	a:link	选择所有未被访问的链接	1	
:visited	a:visited	选择所有已被访问的链接	1	
:active	a:active	选择活动链接	1	
:hover	a:hover	指定当鼠标指针悬停在链接上面时的样式	1	
:focus	input:focus	选择具有焦点的输入元素	2	
:first-letter	p::first-letter	选择每个 p 元素的第一个字母	1	伪元素选择器，在 CSS3 中用 :: 来表示
:first-line	p::first-line	选择每个 p 元素的第一行	1	伪元素选择器，在 CSS3 中用 :: 来表示
:first-child	p:first-child	指定只有当 p 元素是其父级的第一个子级的样式	2	
:before	p::before	在每个 p 元素之前插入内容	2	伪元素选择器，在 CSS3 中用 :: 来表示
:after	p::after	在每个 p 元素之后插入内容	2	伪元素选择器，在 CSS3 中用 :: 来表示
:lang(language)	p:lang(it)	选择所有 lang 属性起始值为"it"的 p 元素	2	
element1~element2	p~ul	选择 p 元素之后的每个 ul 元素	3	同级兄弟选择器
[attribute^=value]	a[src^="https"]	选择每个 src 属性的值以"https"开头的元素	3	

选择器	示例	示例说明	CSS	备注
[attribute$=value]	a[src$=".pdf"]	选择每个 src 属性的值以 ".pdf" 结尾的元素	3	
[attribute*=value]	a[src*="runoob"]	选择每个 src 属性的值中包含子字符串 "runoob" 的元素	3	
:first-of-type	p:first-of-type	选择父元素中的第一个 p 元素	3	
:last-of-type	p:last-of-type	选择父元素中的最后一个 p 元素	3	
:only-of-type	p:only-of-type	选择父元素中唯一一个 p 元素	3	
:only-child	p:only-child	选择父元素中唯一一个子元素,并且该子元素是 p 元素	3	
:nth-child(n)	p:nth-child(2)	选择父元素中第二个子元素,并且为 p 的元素	3	
:nth-last-child(n)	p:nth-last-child(2)	选择父元素中倒数第二个子元素,并且为 p 的元素	3	
:nth-of-type(n)	p:nth-of-type(2)	选择父元素的子元素中的第二个 p 元素	3	
:nth-last-of-type(n)	p:nth-last-of-type(2)	选择父元素的子元素中倒数第二个 p 元素	3	
:last-child	p:last-child	选择父元素中最后一个子元素,并且为 p 的元素	3	
:root	:root	选择文件的根元素	3	
:empty	p:empty	选择每个没有任何子级的 p 元素(包括文本节点)	3	
:target	#news:target	选择当前活动的 #news 元素(CSS 样式将作用于该锚 URL 所指向的元素)	3	
:enabled	input:enabled	选择每个启用的输入元素	3	
:disabled	input:disabled	选择每个禁用的输入元素	3	
:checked	input:checked	选择每个被用户选中的输入元素	3	
:not(selector)	:not(p)	选择每个非 p 元素的元素	3	
::selection	::selection	匹配元素中被用户选中或处于高亮状态的部分	3	
:out-of-range	:out-of-range	匹配值在指定区间之外的 input 元素	3	
:in-range	:in-range	匹配值在指定区间之内的 input 元素	3	
:read-write	:read-write	匹配可读及可写的元素	3	
:read-only	:read-only	匹配设置 readonly(只读)属性的元素	3	
:optional	:optional	匹配可选的输入元素	3	
:required	:required	匹配设置了 required 属性的元素	3	
:valid	:valid	匹配输入值为合法的元素	3	
:invalid	:invalid	匹配输入值为非法的元素	3	